Die vormalige Grafschaft Lützelstein und die zugehörigen Waldungen.

Von

J. von Bodungen,
Kaiserlichem Oberförster zu Schloß Lützelstein im Elsaß.

Straßburg.
Bei Karl J. Trübner.
1879.

Buchdruckerei von G. Otto in Darmstadt.

Erster Theil.

Das herrliche Reichsland besitzt viele freundliche Landschaften. Ein in jeder Beziehung und ganz besonders in malerischer Hinsicht anmuthiger Theil des Landes ist gewiß die vormalige Grafschaft Lützelstein auf dem Vogesen-Kamm. Diese birgt noch die schönsten Buchenwälder, durchsungen von Lied und Sage, und die Natur in ihrer großartigen Majestät in Berg und Thal und Fels und Höhle. Zahlreiche Kunststraßen durchschneiden Feld und Wald nach allen Richtungen. Reizende Nah- und Fernsichten thun sich auf, die Berggipfel sind ohne allzugroße Anstrengung zu ersteigen und die hellen Buchenhaine umrauschen bis zur Höhe den Wanderer. Die Waldbäche liefern die schmackhaftesten Forellen und Krebse.

Der Reisende in dem alten Gaue Lützelstein wird sich, er richte sein Augenmerk nun auf die schöne Natur, oder durchwandere ihn zu wissenschaftlichem Zweck, in jeder Hinsicht befriedigt fühlen.

Wir gehen von der wunderschönen Stadt Straßburg aus, besonders da hier der Gassendunst zur gesunden Gebirgsluft treibt und es gewiß auch dem Stekkelburjer wohl thut, wenn er einmal sein Ohr an die Brust der Natur legt und ihres Herzens Pulsschläge lauscht.

„Wem Gott will eine Gunst erweisen,
Den schickt er in die weite Welt,
Dem will er seine Wunder weisen
In Feld und Wald und Strom und Feld".

Hat man in dem dunklen Bahnhofsgewölbe den Zug nach Avricurt gefunden und bestiegen, so erreicht man in einer Stunde die Haltestelle Steinburg, von wo eine unsichere Kreisbahn nach Buchsweiler abzweigt. Der gute Fußgänger wandert von hier schneller und gefahrloser die Landstraße. Wer aber den Schneckenzug besteigen will oder muß, findet Muße zu Betrachtungen, wie wir sie hatten.

Steinburg hat seinen Namen von einem ehemaligen Schlosse. Das Dorf hat 1371 E. Diese treiben Acker- und Weinbau, Viehzucht und Gewerbe. Unweit St's mündet die Zinsel in die Zorn, nahe am Rhein-Marne-Kanal. St. gehörte nach seiner Gründung zur Abtei Andlau. Es kam im Laufe der Zeit an die Herren Stahel von Westhofen, welche die Herren Münch von Wilsperg damit belehnten. Im Jahre 1412 verkaufte es Johann Stahel von Westhofen an den Bischof Wilhelm II. von Straßburg. Als im Jahre 1587 mit Wilhelm von Wilsperg diese Familie ausgestorben war, vereinigte der Bischof Johann von Manderscheid St. mit dem Bisthum Straßburg und erwarb 1588 auch von der Abtei Andlau das derselben noch zustehende Patronatsrecht um die Summe von 2000 Fl. — Schloß und Kirche &c. wurden 1525 im Bauernkriege, noch mehr 1636 im Schwedenkriege zerstört; St. erstand nur langsam aus seinen Ruinen und zählte 1666 erst 20 Bürger. Im Jahre 1681 gab der Bischof Franz Egon von Fürstenberg das Schloß seinem bischöfl. Finanzverwalter Johann Georg Mayerhofer zu Lehen, welcher dasselbe wieder erbaute und ihm die heutige Gestalt gab. Nach der franz. Revolution ist das Schloß in Privatbesitz übergegangen. Im Jahre 1793 schlug der General Bürcy hier die Kaiserlichen und verfolgte sie bis in ihr Lager in der Gegend des Bastberges.

———

Die Zeit der Abfahrt in St. ist eingetreten, allein erst nach Sättigung einiger Biertrinker setzt sich der Zug in Bewegung. Kaum hat man einen Platz gewonnen, der die Rippenstöße weniger empfindlich macht, so erfolgt Stillstand und der Ruf: Hattmatt!

D. Hattmatt mit 548 E., an der Zinsel, treibt Acker- und Weinbau, sowie Viehzucht. Vor dem 30jähr. Kriege befand sich 2 Kilom. von H. ein Dorf, Namens Wiesenau. Im 30jähr. Kriege zerstört, zogen sich die übriggebliebenen Bewohner an die Zinsel. So entstand Hattmatt. Um 1656 bis 1680 sollen sich viele Schweizer hier niedergelassen haben, wie noch heute die harte Aussprache andeutet. H. gehörte zur Herrschaft Lichtenberg.

H. muß schlechtes Getränk haben, denn schon nach 5 M. geht der Zug langsam weiter, und trifft nach 10 M. in Dossenheim an, wo 8 M. Aufenthalt angekündigt wird.

D. Dossenheim mit 998 E., an der Zinsel, beschäftigt sich mit Ackerbau und Viehzucht, auch etwas Weinbau. An der Stelle, wo heute die Kirche steht, stand das Schloß Warthenberg. Eine Karte der Abtei Neuweiler vom Jahre 1158 erwähnt das Schloß. D. gehörte zur Herrschaft Herrenstein.

Die Haltezeit ist verflossen, aber keine Anstalten zur Abfahrt sind bemerkbar. Nach einiger Zeit hören wir mehrfach den Zugführer vor der Schenke rufen: „meine Herren wenn es beliebt zum Einsteigen!" worauf aus vielen Stimmen die Worte lautbar werden: „nur immer langsam voran, noch einen Schoppen Bier!" Als auf freundliche Einladung des Zugführers endlich die Bierschläuche gemächlich eingestiegen sind und der Zug sich in Bewegung setzt, erschallt aus einem Wagen der Ruf: „halt! ich habe meine Mütze vergessen", und gefällig wird auch diesem Folge gegeben. Unwillkürlich verfällt man auf Knigge's Reise nach Braunschweig, aber lange Gedanken werden benommen, denn nach 5 M. hält wieder der Zug und Neuweiler wird angekündigt. Nach Strecken der Glieder und mit einem Gottlob! verlassen wir den Wagen und schreiten der Stadt zu.

St. Neuweiler mit 1559 E., treibt Acker-, Obst-, Hopfen- und Weinbau nebst Viehzucht. N. verdankt sein Dasein und seinen Namen einer um das Jahr 723 von Siegebald, Bischofe von Metz, errichteten Abtei. Die klösterlichen Gebäude wurden zu verschiedenen Malen ein Raub der Flammen, hauptsächlich im Jahre 750, wo Bischof Drogo von Metz, ein natürlicher Sohn des Kaisers Karl des Großen, die den Aposteln Petrus und Paulus geweihete Kirche wiederherstellen ließ. Die Bischöfe von Metz bedachten die Abtei mit vielen Gütern. Die auf diesen Gütern lebenden Leute waren Leibeigene und führten den Namen Petersleute. Mit der Zeit hatte die Abtei N. Besitzungen und Gerechtsamen im Bisthum Straßburg

1*

in 25 Gemeinden und im Bisthum Metz in 15 Gemeinden, sowie viele Privilegien anderer Art.[1]

Als Schirmvögte von N., welches Amt von den Bischöfen von Metz vergeben wurde, traten zuerst die Grafen von Metz und Dagsburg und gegen Ende des 12. Jahrhunderts die Herren von Hüneburg auf. Als der Bischof von Metz im Jahre 1327 Stadt und Abtei an die Grafen von Lichtenberg gegen eine hohe Summe verpfändete, ging die Schirmvogtei an letztere, mit dem Aussterben der Herren von Lichtenberg im Jahre 1480 an die Grafen von Hanau und Zweibrücken-Bitsch und als der letzte männliche Erbe von Zweibrücken-Bitsch im Jahre 1570 starb, an den Grafen Philipp V. von Hanau-Lichtenberg über.

Schon im Beginne des 11. Jahrhunderts wird darüber Klage geführt, daß in der Abtei N. die klösterliche Zucht zerfallen sei und der Weltgeist sich in die stillen Mönchszellen eingeschlichen hatte. Alle Maßregeln dagegen blieben fruchtlos.[2] Gegen Ende des 11. Jahrhunderts entstand zu N. ein Kollegialstift zu Ehren des h. Adelphus. Unter den Mönchen blieb aber eine arge Sittenverderbniß. Die Klostergelübde und die Verpflichtung zur Keuschheit und Enthaltsamkeit von allen Weltfreuden und zum Gehorsam gegen die Statuten innerer Landesordnung galten nicht mehr. Auch die Stiftsherren des heil. Adelphus führten die Waffen, trugen seidene Kapuzen, besuchten fleißig die Weinschenken, waren dem Trunk und Spiele ergeben, feierten schwelgerische Gastmahle, trieben auch zuweilen ungeistliche Possen und den sträflichsten Muthwillen mit Frauen und Dirnen, und zogen in den Gassen hin und her die Zither in der Hand singend und spielend. Der von den vorgefallenen Unordnungen wohl unterrichtete Bischof Berthold von Straßburg erließ in den Jahren 1343 und 1345 zwei Verfügungen, um dem Unwesen und versunkenen Zustand des Stiftes zu steuern.[3] Allein die sittliche Ver-

[1] Grandidier, Bisth. Straßb. B. I. S. 417. — Fischer, Neuweiler T. 1. S. 2—5.)

[2] Brouver, Annal. Trevir., t. I. p. 512. — Trithem, Annal. Hirsaug, t. I. p. 273.

[3] Archiv des Unter-Elsaß G. 5363. Fischer, Neuweiler. I. S. 37.

kommenheit der Mönche nahm zu, und alle Befehle des Oberhirten hatten nicht den geringsten Erfolg. Ein Abt Otto zu N. fühlte den Verfall des Klosters und seufzte über die Sittenlosigkeit der Stiftsherren, er erließ 1362 eine Verordnung, die diesem traurigen Zustande abzuhelfen unvermögend war. Im Jahre 1369 nahm Abt Otto strengere Maßregeln gegen einige übermüthige Stiftsherren an, und damit ihre schändlichen Bubenstücke nicht ungestraft blieben, belegte er sie mit dem Bann;[1] auch dieses Vorgehen blieb nutzlos. Der Vermögenszustand der Abtei kam durch die tolle Wirthschaft immer mehr in Verwirrung, die Einkünfte derselben sanken auf ein Geringes herab, die Schulden stiegen, so daß endlich der Papst Alexander VI. im Jahre 1496 in die Umgestaltung der Abtei zu einem weltlichen Chorherrnstifte die Genehmigung ertheilte. An die Stelle des Abtes trat ein Propst, an die Stelle der Mönche Kanoniker. In Folge der im Bauernkriege 1525 erlittenen Verluste erhielt 1527 das Stift die Erlaubniß, einen Theil seiner Besitzungen an die Stadt Straßburg für 2000 Gulden zu verkaufen. Während des 30jährigen Krieges und im sog. Schwedenkriege hatte das Stift wiederholt durch Plünderungen, Raub, Lieferungen und Brandschatzungen viel zu leiden. Der Westphälische Friede im Jahre 1648 brachte endlich Ruhe, aber es war Wohlstand und Glanz verschwunden und die Zahl der Stiftsherren auf zwei herabgesunken. Im Jahre 1789 wurde das Stift aufgehoben. Napoleon I. schenkte das Propsteigebäude dem Marschall Clarke; jetzt gehört es Herrn Feyler.

Kaiser Ludwig von Baiern verlieh Neuweiler im Jahre 1337 die Rechte einer Stadt. Der Graf Philipp V. von Hanau schloß um das Jahr 1580 mit der Stadt Straßburg ein Bündniß, wonach er derselben die Stadt Neuweiler einräumte, während sie ihm eintretenden Falls Hilfe gegen den Metzer Bischof, mit dem er im Streit lag, versprach.

Sehenswerthe Bauwerke sind:

Die Peter-Paulskirche. Das Chor aus dem 12. Jahrhundert ist im byzantinischen Styl reich geziert. Das Schiff zeigt gothischen Styl aus verschiedenen Perioden.

---

[1] Fischer I. S. 39.

Der nördliche Seiten-Eingang ist romanisch, mit reicher Ornamentik, aus dem 13. Jahrhundert. Die West-Façade mit Thurm ist aus dem Anfange des 18. Jahrhunderts. Der Thurm endigt in einer Plattform und ist mit Heiligen-Statuen geziert. Hinter dem Chor ist eine Kapelle, die St. Sebastians-Kapelle, welche aus der Karolingischen Zeit stammt. Unter dieser Kapelle liegt die der heil. Katharina geweihte Krypta, 727 erbaut. Aus derselben steigt man einige Stufen empor unter das Chor der Kirche. Man gelangt hier in den ältesten Theil der Kirche, welcher aus dem 6. Jahrh. stammt.

Die Adelphus-Kirche, im 12. Jahrh. im gothischen Styl erbaut, hat 3 Thürme, einen über dem Kreuzschiff und zwei halbrunde Thürmchen an den Seiten des West-Portals. Das Innere der Kirche ist einfach gehalten. Ueber dem Portal befindet sich ein byzantinisches Rosenfenster.

Auf dem vorderen Gipfel des Vogesenkammes über Neuweiler ragen in mäßiger Höhe die wenigen Trümmer der berühmten Feste Herrenstein hervor. Ganz allmählich emporsteigend und aus dem immer niedriger werdenden Gehölz tretend, gelangt man in 20 M. auf die nur noch aus wenigem Mauerwerk bestehende Burgruine, in der jetzt ein Försterhaus liegt, und welche mit einigen Resten der Wallmauer und einer gothischen Kapelle umgeben ist. Die Burg war ehemals ein Lehen der Bischöfe von Metz an die Grafen von Metz und Dachsburg, nach deren Aussterben 1225 die Bischöfe es einzogen. 1380 wurde dieselbe von dem Bischof an die Grafen von Zweibrücken-Bitsch und die Herren von Lichtenberg verpfändet. Die auf der Burg ansäßigen Edelleute waren aber für die benachbarten Gegenden, durch ihre unaufhörlichen Angriffe und Räubereien, eine wahre Geißel geworden. Im Jahre 1397 zogen deßhalb der Landvogt und der Bischof mit den Städten Straßburg und Hagenau gegen Abend der Burg zu, und kamen um Mitternacht bei derselben an.

Sogleich gruben sie ein Loch in die Mauer, und benahmen sich dabei so geschickt, daß sie durch dasselbe in Herrenstein eindrangen und es besetzten, ohne daß die Besatzung es bemerkte; erst als sie die Fackeln angezündet hatten, mußten die Insassen das Vorgegangene wahrnehmen. Zehn daselbst befindliche Edelleute wurden gefangen nach Straßburg geführt, die sich später ihre Freiheit mit bedeutenden Summen wieder erkaufen mußten.[1] Um diese Feste zu behalten, kauften die Straßburger den Herren von Zweibrücken-Bitsch und Lichtenberg ihre Rechte mit 3790 Gl. 50 Pf. Hell. ab, und kamen mit dem Bischof von Metz überein, daß er für die Aufhebung der Pfandschaft eine dreifache Summe zurückzuzahlen habe. Von dieser Zeit an saß zu Herrenstein ein Vogt, der, im Namen der Stadt, die Burg nebst Zubehörden unter seiner Aufsicht hatte. Allein durch den 30jähr. Krieg war die Stadt in Schulden gerathen, und sah sich genöthigt, die Feste mit den damit verbundenen Ortschaften Dossenheim, Kugelberg und Dettweiler sammt Zubehörden an den franz. General Reinhard von Rosen, um die Summe von 35,000 ℛ︎, vermöge einer am 10. October 1651 verfaßten Urkunde, zu veräußern. Die letzte aus der Familie derer von Rosen, Sophie von Rosen, verkaufte die Burg im Jahre 1798, und hat dieselbe seit jener Zeit den Besitzer mehrfach gewechselt; jetzt gehört sie Herrn Feyler.

Im Jahre 1672 war die französische Armee in's Elsaß eingefallen und das untere Elsaß mußte viele Bedrängnisse erdulden; auch unsere Bergfeste blieb nicht verschont und wurde im darauffolgenden Jahre gänzlich zusammengerissen und zerstört. Nach der Belagerung und Erstürmung des Schlosses Lichtenberg durch die Franzosen im Jahr 1677, ertheilte der König Ludwig XIV. den Befehl die Steine der zernichteten Feste Herrenstein zur Ausbesserung der Mauern und Bollwerke der Festung Lichtenberg zu verwenden, was auch bewerkstelligt wurde.

Wir gehen von der Trümmerstätte an den nordöstlichen Rand des Abhanges, an welchem Ruhebänke zum sinnigen Verweilen wie zum Betrachten der reizvollen Landschaft einladen. Hier sehen wir an des Berges Fuß

---

[1] Königshofen S. 225. Als. ill. Th. II. S. 219.

das einerseits von Saatfeldern, Obstgärten und Wiesen, andererseits von Hopfenpflanzungen, herrlichen Weingärten und Wäldern umgebene Städtchen, weiterhin die lachenden Fluren des Unter-Elsasses. Zahllose Ortschaften, verbunden durch ein ausgezeichnetes Straßennetz, sind zerstreut auf der unendlichen Fläche. Wir können dem Laufe der Bäche und Flüßchen folgen, die sich durch grüne Wiesen hinschlängeln, und wie auf dem Bilde einer Landkarte ihre Vereinigung gewahren. In weiter Ferne erhebt der Straßburger Münster sein Haupt. Südlich und westlich haben wir vor uns das malerisch schöne Waldgebirge der Vogesen, welches sich nördlich und nordöstlich in einer prächtigen Verkettung bis in die Pfalz ausdehnt, wo wir es den Horizont säumen sehen. Südöstlich verschwimmen in blauer Ferne die Höhenzüge des Schwarzwaldes. Ganz nahe liegen uns die Versammlungsorte der Hexen: der Bastberg, bei Buchsweiler; das Hexenloch oder die Hexenschule bei St. Johann, von wo aus die Hexen, Frau Itta von Lützelburg an ihrer Spitze, nach dem Bastberg fliegen. Unheimliche Gefühle treiben uns zum Aufbruch.

In nordwestlicher Richtung durchschreiten wir einen Wald, dessen Bewirthschaftung dem Besitzer keine Ehre macht. Wir sind in Verwunderung darüber, daß so viele Privatbesitzer ihren Wald zum eigenen Nachtheil verwüsten können, als plötzlich herrliche Anlagen von gemischten Hölzern und ein sehr schattiger kühler Platz mit sprudelnder Quelle, Tisch und Bänken, erhebendere Gedanken erwecken. Die Quelle, eisig kalt, ist in einem steinernen Behälter aufgenommen, aus dem das Wasser in verschiedenen, durch kleine krugförmige Vertiefungen unterbrochenen Rinnen um Tisch und Bänke rieselt. Wir erfahren, daß hier, am s. g. hölzerne Brunnen, die lustigen Mönche von N. ihre Trinkgelage hatten. Sinnig sind zur Abkühlung des Weines die krugförmigen Vertiefungen angebracht, und es läßt sich wohl denken, daß daraus der N. Rothe munden mußte. Da die Mönche auf offener Straße in

N. ihr Unwesen trieben, so mögen in diesem dunklen Verstecke ihre Schandthaten groß gewesen sein. Immerhin haben sie sich durch die Anlage ein Denkmal errichtet, welches jeden Wanderer entzücken wird, namentlich wenn er eine Flasche ächten Traubennektars mit sich führt.

Wir besteigen von hier den westlichen Berg und gelangen in 1 St., vom Herrenstein gerechnet, auf die Ruinen des alten, einsiedlerisch versteckten Schlosses **Hüneburg.**

Das alte Schloß ist etwa im Jahre 1137 durch Folmar V. Grafen von Metz und Dachsburg, erbaut worden. Derselbe nahm den Titel eines Grafen von Hüneburg an. Die Herren von Hüneburg waren Vögte der Abteien Neuweiler und Hanau, des Hochstifts Straßburg Erblandmarschall, und gelangten nach und nach zu großer Macht. Conrad von Hüneburg wurde 1190 Bischof von Straßburg, nahm für Otto von Braunschweig Partei, ward aber von Philipp von Schwaben besiegt. Unter seiner Regierung fand die zweite Erweiterung Straßburgs statt. Die Herren von Hüneburg starben 1350 aus, und die Besitzungen gelangten an die Herren von Fleckenstein. Im Jahre 1370 wurde das Schloß von den Straßburgern zerstört; dieselben behielten es aber nicht. Vom Hause Fleckenstein kam es an das Haus Lichtenberg. Mit Einziehung der Güter dieses Hauses kam es 1789 zu Frankreich. Napoleon I. schenkte es dem General Clarke, welcher sich Graf von Hüneburg nannte und daselbst ein Jagdschloß erbaute, welches heute als Försterhaus dient. Von dem alten Schlosse sind nur noch einzelne Trümmer eines Gewölbes bemerkbar; majestätisch tritt aber der ungeheure Fels hervor, auf dem es gestanden. Auf schroffer Felskante stehend, erblicken wir anmuthige Wiesenthäler, nackte Felsgruppen, Laub- und Nadelwaldungen im malerisch schönen Wechsel, die Bergzüge der Vogesen in nordöstlicher Richtung, im Ost viele Ortschaften und liebliche Gefilde.

Die Sonne treibt uns in den südwestlich liegenden schattigen Buchenwald, den wir in westlicher Richtung bis ins Thal durchwandern. Hier sehen wir zwei ehemalige, der Abtei Neuweiler gehörende Weiher in grünem Teppich. Die beiden Weiher hatten ihren Namen von dem in der Nähe emporragenden Felsen „Geyerstein" entlehnt. Der eine 3,5029 ha, der andere 0,358 ha groß. Nachdem Stift und Grafschaft beim Ausbruche der Revolution ihren Untergang gefunden, gelangten beide Weiher an das Bürgerspital von Buchsweiler; die Verwaltung dieser Anstalt ließ sie am 10. IX. 1829 auf Eigenthum versteigern, und die neuen Besitzer verwandelten dieselben in Wiesen. Als in der Mitte des 19. Jahrh. die Forstwerwaltung erkannte, daß für die Verwerthung des Holzes aus den umliegenden Waldungen Absatzwege geschaffen werden mußten, die Militairverwaltung aber im Festungsgebiete keine Landstraßen duldete, so wurde beschlossen eine Wasserstraße zur Flößerei herzustellen, und zu dem Zwecke als Speisebehälter der Großgeyersteinweiher vom Staate um die Summe von 5727 Fr. am 18. XII. 1857 gekauft. Mit großem Kostenaufwand sind der Wasserbehälter und die Stauwerke in dem unterliegenden Fischbächel angelegt, ohne daß je dieser Wasserweg zur Flößerei benutzt ist. Im Sommer 1876 hat ein wolkenbruchartiger Regenguß das ganze Werk zerstört und von selbst sich ein grüner Teppich gebildet.

In diesem engen waldumgebenen Fischbächel-Thal von tiefer menschenleerer Einsamkeit und erfrischender Kühle umflossen, fühlt der Wanderer das Bedürfniß der Ruhe, die er auf einer Naturbank leicht findet. Gegen Norden aufwärts blickend gewahren wir zwei gewaltige schroffe Felswände, den Geyerstein und den Hundssprung, umgrünt von Moos, von Gesträuch umbuscht, hoch über den Waldmantel die nackten Häupter erhebend. Geyer und Bussarde umkreisen sie. Wir hören das Wellengemurmel des Waldbachs, das Blättergeflüster und Wipfelrauschen, und wunderlich blau ist über dem Grün der Wälder der Bogen des Aethers gewölbt. Es erwecken diese Eindrücke Gefühle, die an Mahlmanns Vaterunser erinnern:

„Du hast Deine Säulen Dir aufgebaut
Und Deine Tempel gegründet". —

Wir haben hier die herrliche Waldmark **Breitschloß** vor uns, die wir näher betrachten wollen.

Die Abtei Neuweiler hatte nach altem Herkommen alle herschaftlichen Rechte wie auch die Gerichtsbarkeit in dem, in der Gemarkung Neuweiler liegenden Walde, Breitschloß genannt, auszuüben. Dieser Wald scheint, schon seiner Abgelegenheit wegen, bei Belehnung der Abtei völlig herrenloses Gut gewesen zu sein. Im Laufe der Zeit erhielten darin die Gemeinden Neuweiler, Imbsheim und Dossenheim, wahrscheinlich durch bloße Vergünstigung, verschiedenartig Holz-, Weide- und Mastrechte. Diese Rechte veranlaßten Streitigkeiten zwischen dem Kloster und den betheiligten Gemeinden, welche jedesmal durch gütliches Abkommen geschlichtet sind. **Neuweiler** wurde im Jahre 1321 das Mastrecht zugestanden.[1] Imsheim verblieb das Mast-, sowie in beschränkter Weise das Bau- und Brennholzrecht.[2] Dossenheim erhielt das Raff- und Lese-

[1] Lehmann, B. I. S. 39. — Archiv des Unter-Elsaß, E. 1992. — Mit Einwilligung des Herrn Johannes von Lichtenberg, des Jüngeren, ist vor dem geistlichen Richter zu Straßburg am 30. VIII. 1321 folgender Vertrag abgeschlossen:

1. Es steht dem Kloster frei, mit seinem großen und kleinen Viehe die gemeinen Weiden des Städtleins zu befahren.

2. Ebenso darfen und können die Bürger die dem Kloster zuständigen Weiden mit ihrem großen und kleinen Viehe besuchen.

3. Den Bürgern steht die freie Eichelmastung in den Wäldern des Klosters, Breitschloß und Jungholz genannt, für alle ihre erzogenen Schweine, zu.

4. Hat der Bürger keine erzogenen Schweine, so darf er vier vor dem Feste des heiligen Jakob anschaffen, aber zahlt dem Kloster von jedem die Abgabe, Deheme genannt.

5. Da die Bürger das Städtlein durch Aufführung von einer starken Mauer von dem Kloster getrennt haben, so muß der Abt das nöthige Holz zur Unterhaltung der Thore, der Port der Brücke, Serre genannt, und der Thürme liefern. (Archiv des Unter-Elsaß, G. 5479. Man nannte Serre ein Gitter- oder Fallthor, was entweder von serra, Riegel, oder serra, Säge, Rechen herkommt.)

[2] Im Jahre 1537 kam ein gütliches Abkommen zu Stande, das der Vogt von Lützelstein mitbesiegelte. (Archiv des Unter-Elsaß, G. 5483.)

Das im Jahr 1559 durch Johann Fuchs, Notar und Stadtschreiber zu Buchsweiler, beglaubigte Weisthum (Dinckhoffs-Robbel) des Dorfes Imbsheim gibt den erwünschten Aufschluß über dessen Rechte in der Waldmark Breitschloß: (J. Grimm's Sammlung, Bd. 1, S. 752.)

holz, wie auch die aufrechtstehenden von selbst dürre werdenden Bäume und die Mast (Schmalzweide).

„Item die Gemeinde zu Imsheim hat ein Recht auf den Wald, den man nennt Breitschloß.

„Item were es, das ein gered uf dem wald were, so hand die leute zu Imsheim recht ihre schwein auf den wald zu schlagende, jeder hausmann so viel schwein als er erzogen hat u. s. w.

„Item die gemeinde zu Imsheim hat recht, das bauholz auf dem vorgenannten wald zu hauen, wie viel einer zu seinem gebaue bedarf, der zu Imbsheim in dem dorffitter (Dorfetter, Dorfzaun) sitzet, und davon ist einer nieman nutzet schuldig zu gebende, dan dem förster vier pfennig von den vier schwellen.

„Item were es sach, das ein burger zu Imsheim bauholz auf dem obg. wald hiege, und das im am coste abgienge, oder das in die nacht über fiele, und das er noch mer holzes uf demselben wald sähe, das ime zu seinem gebäu gefüglich wäre; so mag er das holz zeichen, das hieß hievor gekiret, und würd ime das holz abgehauen durch meinen herrn den apt oder die seinen und gen Neuweiler in das closter geführt so sol man dem man, der das holz gezeichnet hat, durch ein recht widergeben.

„Item die burger zu Imsheim hant das recht uf dem vorgemelten wald bornholz, das hieß hievor kupholz zu hauen u. s. w."

Im Jahre 1625 ist Folgendes beurkundet:

Zu wißen seyn hiemit männiglichen, dem nach uff Clag des durchlauchtigsten hochgebornen Fürsten und Herrn Georg Hanßen Pfalzgrafen bey Rhein, Herzog in Bayern, Graven zu Veldentz und Spanheim 2c: Wie auch der Ehrwürdig in Gott andächtige Probst, Dechant und Capitel des Stifts Neuweiller und Doßenheim wider die auch Ehrsame ganze Gemeind zu Imbsheim, daß sie nun viel Jahr hero Ihrer fürstlichen Gnaden, zu Nachtheil Ihrer Jagensgerechtigkeit, dem Stift zum verderblichen Schaden Ihres Eigenthums, und der zwo Gemeinde zum großen Abbruch ihrer Eckernutzung, in dem Wald das Breitschloß genannt, ihres Gefallens mit Abhauung Brenn- und Bauholz ohne unterscheidt der Zeit und Ort. So ist ungeacht was die von Imbsheim vor anerhebliche Einwürfe vermeinter Gerechtigkeit hier entgegen eingewandt, hiemit durch uns, denen von Imbsheim bei Peen und Strafe auferlegt wie hernach folget.

Sie die von Imbsheim sollen, nach laut habend: vorgewander Gerechtigkeit, Ihr Brennholz die Nothdurfft uff dem Wald Breitschloß holen und haben, doch mit dem ausdrücklichen Bescheidt daß sie keine andere benachbarte, sonderlich die Griesbacher mit Eckernutzung und Holz holen, zu sich ziehen, auch verkaufen noch anders wohin führen, daß sie anders nichts als Daubholz benanntliche Hambuchen, Bürken, Espen, Erlen, Windfäll, Afterschläg und was Dürrholz, so keine Frucht, Eichel oder Buchel mehr tragen mag, abhauen und heimführen, da sie aber einige fruchtbare Bäume, Es seyen Eichen oder

Im Jahre 1468 überließ der Abt Hugo von Fegersheim dem Herrn Ludwig von Lichtenberg für die Dauer seines Lebens das Hagen und Jagen im Wald Breitschloß.[1]

Im Jahre 1507 wurde zwischen dem Stifte und Pfalzgrafen Philipp, seinem mächtigen Nachbar, ein gütlicher Vertrag abgeschlossen, durch welchen dem Kurfürsten das Jagdrecht im Walde Breitschloß überlassen wurde. Das Stift behielt jedoch unbedingt seine Gerichtsbarkeit und sonstigen Rechte in dem Waldbezirke. Auch wurden den drei Gemeinden Dossenheim, Imbsheim und Neuweiler ihre Rechte vorbehalten.[2] Im Jahre 1748 verzichtete der Herzog

---

Buchen, groß oder kleine Acht zum Brennholz abhauen würden, so solle des Stifts Förster Macht haben sie darüber zu pfänden, und sollen sie, nach laut der Waldordnung dem Stift zum Frevel verfallen seyn, Nach laut dessen Inhalts:

Da sie sich aber der Pfändung mit Gewalt widersetzen würde, so solle dem Stift aus Neuweiller auf Ihr Begehren, so viel Bürger gefolget werden, als hierzu vonnöthen, die Verbrecher zu zwingen und sollen die Widerspenstigen uns ein jeder 5 ℔ zu Frevel verfallen seyn. Desgleichen was sie die Gemeind von Imbsheim, Bauholz nöthig und bedürftig, sollen sie ebenmäßig Macht haben, solches uff dem Breitschloß zu holen, doch mit diesem Vorbehalt, daß sie solches zuvor ans Stift oder Ihren Förster gesinnen und begehren, damit Ihnen dasselbige durch der Stifts Förster gezeichnet und wo sie es holen, gewießen werden, und solches ohne Vorwißens Ihres Gefallens fällen und heimführen werden sollen sie gleichfalls darüber gepfändet und dem Stift zu Frevel sich einstellen, nach laut unserer Waldordnung wenn sie sich der Pfändung mit Gewalt würden widersetzen, sollen sie mit ihnen wie oben beim baren Geldes gemeldet verfahren und uns ein jeder 5 ℔ zum Frevel verfallen seyn. Es soll aber auch ein Stift oder Förster auf der von Imbsheim Ansuchen und Begehren Ihnen ohnverweigerlich, Bauholz die Nothdurfft widerfahren lassen, dann sollte erweißlich seyn, daß er solches Bescheidentlich gesucht und begehrt hätte Ihnen aber solches verweigert, oder damit aufgehalten werden wollte, solle er nach Verfließung 14 Tagen von deme an, da er sich angemeldet, Macht haben, solches selbsten zu fällen, doch an ohnschädlichen Orten und nicht auf einem Platz, im übrigen soll es allerdings dem alten Herkommen gemäß gehalten werden und verbleiben. Zu urkundt dessen haben wir uns mit eigenen Händen unterschrieben und unser secret hiefür drucken lassen.

Decretum Ingweiller den 22. Februar Anno 1625.

Hanß Reinhardt Graven zu Hanau.

[1] Archiv des Unter-Elsaß, G. 5477.

[2] Archiv des Unter-Elsaß, E. 2005.

Christian IV. von Zweibrücken, als Inhaber der Herrschaft Lützelstein, auf alle seine Ansprüche auf den Wald Breitschloß und stellte die Erklärung aus, daß die Ausübung der obern, mittlern und niedern Gerichtsbarkeit dem Kollegialstifte zugehörte.[1]

Beim Ausbruche der Revolution, durch die Aufhebung der Stifter, fiel der Wald Breitschloß, mit 1318,96 ha Größe (nach damaliger Angabe), als geistliches Gut dem Staate anheim und wurde seitdem als Staatswald verwaltet. (Das Stift hatte zur Behütung des Waldes bestellt: 2 Waldschützen, 3 Förster und 1 Oberförster; während zur französischen Zeit 3 Förster, 1 Oberförster und 1 Inspector denselben verwalteten.)

Wir schreiten nun durch das enge s. g. Finsterthal in das Innere des Breitschlosses. Ueber uns haben wir die senkrecht aufgethürmten Felskolosse, rechts den Geyerstein, links den Hundssprung. Wir verfolgen ein Bächlein, welches plätschernd und geschwätzig vom Berg herab uns entgegenkommt; bald ist es nahe, bald rollt es in tiefer Schlucht heimlich rauschend, dann tanzt es wieder silberhell, von Stein zu Stein abfallend, niederwärts. (Wer nicht die volle Pracht des Waldes will sehen, kann hier rechts nach Forsthaus Loosthal gehen.) Immer höher zieht sich der Pfad an steiler Bergwand neben dem Hundssprung aufwärts. Endlich ist die Höhe gewonnen, ein ausgedehnter Gebirgskamm erreicht, nicht ohne Anstrengung, da eckiges Geröll die Schritte öfter hemmte. Hier hat der mit der Natur befreundete Waldvogt mitten in der Wildniß des Gebirges einen sichern Pfad gebaut, auf daß dem Wandrer nicht durch des Weges Rauhigkeit der Naturgenuß geschmälert werde. Wir stehen auf der kurz vor dem Kriege 1870 kunstgerecht angelegten Straße, welche von Lützelstein über das Breitschloß in's Zinselthal führt. Wir verfolgen diese in westlicher Richtung, und sehen zuerst junge üppige Buchenbestände, in denen einzelne Eichen vorwüchsig emporragen; später treten wir in einen prachtvollen geschlossenen hohen 300jähr. Buchenort mit lauter glatten schlanken Stämmen geziert.

„Auch die Form giebt Würde“.

Weiterhin finden wir den alten Buchenort gelichtet

---

1 Archiv des Unter-Elsaß. G. 5477.

und mit einer gelungenen Tannen- und Buchenstreifensaat unterbaut. Noch westlicher kommen wir in einen Buchenbestand, wo trotz des dichten Schirmes Tannen-Anflug sich behauptet. Südlich daneben bemerken wir Abtriebsflächen, auf denen die Buche fast ganz natürlich verdrängt ist. Bald darauf gelangen wir in die völlig reinen finstren Tannenwälder, deren Gebiet sich von hier in den südlichsten Theil der Vogesen erstreckt. Der Wanderer liebt mehr die hellen Buchenhaine, und wir treten daher unseren Rückweg an. Durch ähnliche Gruppen wie zuvor gelangen wir vor das Försterhaus Potaschplatz, wo ein Glas Milch Erquickung gewährt.

Zu Anfang des 17. Jahrhunderts hatte das Holz nur einen geringen Werth, und da an die Unterhaltung der Waldwege wenig gedacht wurde, so verdorrten viele Bäume und gingen ohne Nutzen zu Grunde. Um diesem Uebel zu steuern, verlieh die Abtei Neuweiler am 20. IX. 1627 eine Strecke Waldes zur Gründung einer Glashütte, mit dem Verbote des Hagens und Jagens. Es wurde die Potaschesiederei hier auf diesem Platz und die Glasbrennerei unterhalb am Hammerweyer betrieben. Allein die ungünstige Zeit brachte der Anstalt einen frühzeitigen Untergang.[1] Später benutzte man den Platz zu einem Förstersitz.

Wir wenden uns wieder der Breitschloßstraße zu, und gehen auf dieser in der Richtung nach Lützelstein. Durch die schön zusammenhängenden Buchenschläge wandernd, bemerken wir zu unserer Freude, daß bei der Bewirthschaftung nur natürliche Abgrenzungen gewahrt sind und noch kein mathematischer Simpel den Wald zerschnitten hat. Keine gekünstelten Abtheilungssteine mit 1a b c, aber einfache Wegweiser nehmen wir wahr, die den Umherreisenden leiten sollen. Wir kommen am s. g. Schwarzenfelsenkopf, wo wir links einen freundlichen Blick auf die Vorstadt Lützelstein genießen, rechts eine üppige Buchendickung betrachten, die erst nach dem Kriege von einem dichten Oberholzschirm befreit ist. Alsbald gelangen wir über einen Felskamm nach dem von Buchenwald umschlossenen Försterhaus Loosthal, wo eine nach Neuweiler führende Straße abzweigt, die dem Wanderer durch

[1] Archiv des Unter-Elsaß, G. 5474.

mannigfache Gebirgs-, Feld- und Waldpartien viel Unterhaltung bietet. In der Richtung nach Lützelstein eine kleine Strecke fortschreitend, betreten wir die von Weitersweiler heraufkommende Landstraße. Etwas unterhalb bemerken wir einen mächtigen Fels hervorragen, welcher besonders durch seine Form auffällt. Er wird Froschkopf genannt, weil das Haupt desselben dem Kopfe eines Frosches täuschend ähnlich sieht. Von dem Froschkopf hat man eine entzückende Aussicht in die umliegenden Berge und Thäler. Großartiger ist der Blick, wenn man den sich weiter nach Osten ausdehnenden Felskamm bis an die Spitze verfolgt. Hier haben wir ein höchst reizendes Umsichtsbild: zur Linken thürmen sich malerisch Kegel über Kegel der Waldkette, glänzend tritt die Ruine Lichtenburg hervor; geradeaus ein verzweigtes Thal in buntem Farbenschmuck, umschlossen von schön bewaldeten Bergen, deren Kuppen wellenförmig den Sehkreis begrenzen; zur Rechten eine bis in die Thaltiefe gehende herrliche Buchenwand, unterbrochen von Fels- und Nadelholzgruppen. Das Licht auf den Gipfeln und Kuppen, die Schatten in den Thälern und Bergbuchten einen sich in den reizendsten Entgegenstellungen zum lieblich zusammenstimmenden Ganzen einer zauberisch schönen Landschaft. Wir wenden uns auf die andere Seite des Felskammes und gehen durch eine herrliche Buchenverjüngung mit trefflich gelungener Tannenstreifensaat zurück nach der Landstraße. Auf der Höhe dieser angelangt, haben wir fast senkrecht zu unseren Füßen ein liebliches Thal, im tiefen Grunde frische Wiesen und einen spiegelnden Weiher, an den Höhen wogende Saatfelder mit fruchtreichen Obstbäumen, dunkelgrün hinter diesem aufragende Waldberge, nackte Felsgruppen, links am Waldesrande freundliche Meierhöfe und in der Thalenge am rauschenden Bergwasser die Lützelsteiner Mühle vor uns, an welchem Blick wir uns nicht genug laben und ergötzen können.

Die entzückende Lage der Meierhöfe gibt zu Nachfragen Veranlassung und wir erfahren, daß ehemals hier das Jagdschloß Imstall gestanden hat. Dieses Schloß besaß das Stift Neuweiler und lag im Waldbezirke Breitschloß. Der pfälzer Kurfürst Philipp, Herr von Lützelstein, suchte das an sein Gebiet grenzende Schlößchen Imstall zu erwerben, und am 2. II. 1503 wurde dieses demselben von dem Stifte Neuweiler tauschweise gegen den Zehnten und den Pfarrsatz zu Weinburg übergeben.[1] Im Jahre 1507 wurde zwischen dem Stifte und Pfalzgrafen Philipp ein gütlicher Vertrag abgeschlossen, durch welchen dem Kurfürsten das Schlößchen und das Jagdrecht im Walde Breitschloß überlassen wurde. Der Pfalzgraf Georg Johann von Veldenz, Herr zu Lützelstein, bestritt 1578 die Weide- und Mastrechte der Gemeinden Neuweiler, Imbsheim und Dossenheim im Bezirke des Schlosses Imstall, welches früher einen Bestandtheil der Waldmark Breitschloß bildete.[2] Die nicht genau bestimmte Grenze des Schloßbezirkes gab darauf zu Streitigkeiten Anlaß, welche aber 1624 gütlich geschlichtet wurden.[3] Das Schloß ist längst zerfallen und auf dessen Standort erhebt sich der Zinken Imstall, der zur Gemeinde Lützelstein zählt.

Wir verfolgen die Landstraße weiter und bemerken einige Lützelsteiner Häuser, unter denen das der Oberförsterei Nord, allen Winden preisliegend, emporragt. Unterhalb fällt ein abenteuerlicher Bau mit hoher spitziger Dachfirst und alterthümlich ausgezackter Giebelmauer auf. Es ist dies der s. g. Heidenthurm, den, nach der Volkssage, die Römer erbaut haben sollen.[4]

Einen trüben Eindruck macht Lützelstein beim Eintritt. Aermliche kleine, an der Felswand lehnende Häuser, ohne Hofraum, die Mistgrube und alle Wirthschaftsgeräthe vor der Vorderseite prangend und die Straße verunreinigend und versperrend. Etwas freundlich ist der Blick, wenn man den Platz betritt, wo die Straße nach

[1] Schöpflin. Als. illust. t. II p. 198.
[2] Arch. d. U. E. G. 5479.
[3] Schöpflin. Als. illust. t. H. p. 198.
[4] Th. Klein, Buchsweiler und Lützelstein. S. 31.

links und rechts abzweigt. Rechts — nach Drulingen und Saarunion — liegen die Häuser auf der, mit einer Schlucht durchschnittenen Bergkante, westseits geräumig zwischen Gärten, ostseits gedrängt an der Felswand. Mit Bewunderung gewahren wir südwestlich auf einer in's Thal hineintretenden felsigen Bergzunge die malerisch schöne Feste und erfahren, daß diese die eigentliche Stadt einschließt und wir uns in der Vorstadt befinden. Bevor wir nach dort gehen, nehmen wir ein erlabendes Stärkungsmittel in den Wirthschaften Weiß und Melin. Wir verfolgen alsdann die beim Eintritt links auf einem kurzen schmalen Bergkamm abzweigende Straße. Hier sehen wir stattliche, steinerne Häuser, unter denen das Rathhaus wegen seiner sonderbaren Bauart bemerklich wird. Bergan haben wir rechts den neuerer Zeit leider verbauten Sitz der Oberförsterei Nord und links die deutscher Seits abgetragenen Schanzen, welche noch nach Mitte des 19. Jahrhunderts zur Vertheidigung dieses Vogesenpasses errichtet waren. Wir besteigen links durch einen ausgehauenen Felsgang den Gipfel des Berges, auf dem ein tiefer Graben uns andeutet, daß ehemals hier eine Burg gestanden. Die Geschichte hat uns über dieselbe keine Nachrichten aufbewahrt, aber im Volksmunde wird dieser Berggipfel noch „Altenburg“ genannt. Im Gegensatze zu der bedeutenderen Höhe desselben (384 m), trägt wohl Lützelstein (lat. Parva Petra, franz. la Petite-Pierre) seinen gegenwärtigen Namen, von lützel, im Mittelhochdeutschen klein, kleiner Felsen. Wir betreten die über dem Burggraben hervorstehende Spitze, welche eine entzückend schöne und zugleich großartige Umsicht bietet. Wir sehen abwärts vor uns das von Fels und Mauer eng eingeschlossene kleine Städtchen und am westlichen Ende desselben das alte Schloß, seltsam auf der Bergzunge zu Schutz und Trutz stehend. Daneben überschauen wir die ländlichen Wohnsitze der in die Länge ausgedehnten Vorstadt, rings anmuthsvolle Thäler mit blumenreichen Wiesenmatten, blitzende Bäche und Weiher, klappernde Mühlen und rauschende Wehre aufeinander folgend, wiederum die hell schimmernden Meierhöfe, Imstall und Thal, haushälterischer Benutzung des umherliegenden Feldbesitzes geweiht. Allenthalben erstrecken sich die wohlangebauten Fluren bis an die Gipfel der steilen Berge hinan, bunt anzuschauen nach Verschiedenheit der Aussaat und des Reifegrades. Die Wege verbinden sich auf- und absteigend. Zwischen nackten Felsgruppen, Büsche hier und da zerstreut, dort zu schattigen Räumen zusammengezogen. Große Anlagen von Fruchtbäumen, unter denen der schattige Nußbaum nicht fehlt, gewähren den heitersten Anblick; sodann aber haben wir zu bewundern, wie an den steilen felsigen Berghängen auf Terrassen sorgsam gepflegte Gartenbeete üppig grünen und blühen, wie überhaupt hier der Bauer im Schweiße seines Angesichts der Erde ihre vielfältigen Erzeugnisse abzugewinnen sucht. Wir verlassen dieses ländliche, durch helle Buchenhaine bekränzte Bild und wenden uns dem reizend hingebreiteten Waldgebirge mit seinen Erhebungen und tief schattigen Thalgründen zu. Der Blick streift über unendliche Waldungen der Vogesen. Wir verfolgen die Kette dieses Gebirgs mit seinen vielen Kegeln, Sargrücken, Zacken und Kämmen von Frankreich bis in die Pfalz; nur die fernsten Höhen sehen wir inselgleich aus dem Wolkenmeer auftauchen; nahe scheint uns südwestlich der über die Nachbarberge riesenmäßig aufgethürmte Donon; rückkehrend senkt sich der Blick gern auf die Lichtenburg nieder, deren glanzvolles Licht uns entgegenstrahlt. Hier an des Berges Fuß liegt das Städtchen Lichtenberg; weiter östlich sehen wir viele Dörfer in Thalgründen hell und anmuthig gebettet. Südöstlich erschließt sich uns die herrliche Rheinebene. In dieser Richtung erkennen gute Augen den Straßburger Münster. Ueber diese Ebene hinweg streckt sich vor uns riesenhaft das Schwarzwaldgebirge, zum größern Theil von grauem Nebel dicht überschleiert, es braut ein Wetter in der Tiefe. Wir blicken zurück nordwestlich der Vogesenwand auf eine unendlich ausgedehnte, wellenförmig gehügelte Flur, die sich in das Lothringensche hineinzieht. Von den vielen sichtbaren Ortschaften erwähnen wir nur: Eschburg, Pfalzweyer, Berlingen, Pfalzburg, Wintersburg, Schönburg, Petersbach, Hinsburg 2c.

Wir nehmen den Rückgang in nördlicher Richtung, drehen uns am Bergabhange im Schooße grüner Wiesen mit außerordentlichem Blumenreichthum (die Pflanzendecke ist so sehr mannigfach, daß der Kräutler nicht von der Stelle kommt) östlich, und schreiten einer malerisch schönen Felswand entlang. Hier liegen, durch ein Thal getrennt, die Außenwerke der Feste Lützelstein in alterthümlicher Bauart vor uns. Auf einem steilen Fels gegründet, stehen die Mauern und das alte Schloß noch trotzig und fest. Der Fels, in den verschiedensten Gestaltungsformen und mit Moos aller Art benarbt, warf die Sonnenstrahlen in glänzendem goldgelbem Farbenschmuck bezaubernd zurück, während das hochaufgethürmte alte Schloß würdevoll in Licht und Schatten prangte.

Durch die Oeffnung eines Erdwalles treten wir, nach Westen gekehrt, in die kleine Stadt, welche mit der Vorstadt nur 969 E. zählt. Die Gassen sind schmutzig und die Häuser unansehnlich. Einige verfallene Bauwerke scheinen ehemals Rittersitze gewesen zu sein. In der Mitte der Hauptstraße links steht eine verlassene Kapelle. Geradeaus liegt die kleine, baufällige, als Baudenkmal gar keine Bedeutung habende Kirche, in der zwei Grafen von Lützelstein und mehrere Edle von Veldenz begraben sind. Hinter ihr gelangt man durch ein Thor mit Zugbrücke in das alte Schloß, welches auf dem äußersten Ende des senkrecht in's Thal abfallenden Felsens ruht. Dasselbe vereinigt fünf Bauwerke, welche zu verschiedenen Zeiten errichtet sind. Die ursprüngliche, im gothischen Stil aufgebaute Burg der Grafen von Lützelstein steht in veränderter Bauart westlich in der Mitte. Daran schließen sich nach Norden ein und nach Osten drei kunstlose Anbaue. In französischer Zeit diente der östliche Flügel zu Wohnungen für Officiere 2c., der westliche Theil als Kaserne 2c. Jetzt bewohnt diese Gebäude der Oberförster von Lützelstein Süd. Ein daneben liegendes Gebäude war früher Pulvermagazin und ist jetzt Pferdestall. Die Schießscharten in der Umfassungsmauer sind von Epheu umrankt. Sehenswerth ist auf dem Hofe ein aus Stein gehauener, mit Bildwerk verzierter Wasserbehälter mit der Jahreszahl 1599 und der durch den unteren Theil des Felsens führende Fluchtgang. Besondere Kunstwerke finden wir weder im Schlosse, noch im Orte, doch die malerische Lage des

Ganzen und der Genuß der Natur in der Umgebung entschädigen reichlich.

Wir besteigen den auf der Wölbung des Fluchtganges ruhenden, ehemaligen Kanonenwall, der jetzt geebnet und in einen Blumengarten verwandelt ist. Hier sehen wir über die Brustwehr auf liebliche grüne Wiesenmatten tief im Thale, fruchtbare, mit Obstbaumanlagen geschmückte Fluren auf dem gegenüberliegenden Bergabhange, links ein üppiger Buchenwald, aus dem ein mächtiger Fels, der s. g. Weißfels, emporragt, rechts die Vorstadt und auf der Höhenkante die Landstraße nach Drulingen. Dieser Weg hatte vormals als Vogesenpaß von Hagenau nach Saargemünd große Bedeutung, und durch die Kriegführung im Alterthume konnte die auf hohem Fels thronende Feste nicht ohne Denkwürdigkeiten sein. Wir schätzen die Vergangenheit, erinnern uns gern der alten Gebräuche und Einrichtungen, doch mit Stolz auf die Gegenwart folgen wir dem Geschichtsforscher — auf einer Naturbank ruhend —

„Das Alte lobt, das Alte habt in Ehren,
Ans Alte knüpfet an, ich will es euch nicht wehren;
Allein versucht ihr es zurückzubringen,
Dann hat euch Gott gestraft und nichts wird euch gelingen!"

Es ist in Rücksicht auf den wichtigen Gebirgspaß anzunehmen, daß Lützelstein in sehr früher Zeit bewohnt und befestigt war. Vielleicht hatten schon die Römer, ohne daß es jedoch geschichtlich nachgewiesen werden kann, hier eine militärische Niederlassung, was schon der Name Heidenthurm, den der Volksmund dem weiter oben beschriebenen Gebäude, als durch die Heiden errichtet, beigelegt hat, — einigermaßen anzudeuten scheint.[1] Ueberdies fanden sich in naheliegenden Orten untrügliche Spuren römischer Niederlassung. Z. B. hatte

[1] Th. Klein. S. 37

die Kirche in Lohr, welche 1876 abgebrochen wurde, einen Thurm, der den Römern als Wartthurm gedient hat. Die Schießscharten waren noch deutlich sichtbar. Ebenso hat Hambach einen Thurm, der ein römischer Wartthurm gewesen sein wird, wenigstens weisen die in demselben noch sichtbaren Schießscharten auch darauf hin. Bei Durstel finden sich die Reste einer römischen Straße, sowie römische Grabstätten. Man hat viele aus Sandstein aufgemauerte und mit einer Sandsteinplatte verdeckte Gräber aufgefunden, in deren Urnen Spieße, Schnallen, Scheeren, Sporen 2c. waren. Im Volksmunde heißt dieser Platz die „Heidengräber“. Bei Mackweiler wurden i. J. 1859 die Grundmauern einer römischen Villa mit einem Bade aufgefunden, welche heute noch zu sehen sind. Die alte Römerstraße von Zabern nach Saarbrücken führte bei Mackweiler vorbei. Man sieht die Spuren derselben in einer Länge von 200 m noch heute. Das Volk benennt sie noch mit dem Namen Heerweg. Die Kirche soll aus den Ruinen einer römischen Feste gebaut sein 2c.

Die Befestigungen sollen im 8. Jahrhundert entstanden sein, nachdem sich wahrscheinlich schon vordem, auf der Berghöhe, an deren Fuß das heutige Städtchen liegt, eine ältere Feste, „die Altenburg“ befunden hat. Das Schloß, heute der Sitz der Oberförsterei Süd, soll von einem Sohne Karls des Großen angelegt sein. Dieses wird der Bischof Drogo von Metz, welcher der Zeit auch die Petrus- und Paulus-Kirche in Neuweiler wiederherstellen ließ, gewesen sein, zumal das Hochstift Metz in hiesiger Gegend herrschte.

Die Geschichte Lützelsteins bleibt im Dunkel bis gegen Ende des 12. Jahrhunderts, wo Hugo I., Herr von Lüneville (Lienstadt), auf dem Schlosse Lützelstein hauste und der Stifter der Grafen dieses Namens wurde. Seine Nachkommen blühten auf dem Stammschlosse bis in die zweite Hälfte des 15. Jahrhunderts. Die mächtigen Herren von Lüneville hatten im 12. Jahrhundert bedeutende Besitzungen zwischen der Saar und den Vogesen, und um uns eine zusammenhängende Einsicht in die Geschichte ihres Ursprungs und der Bezirke, in welchen sie geherrscht haben, zu verschaffen, müssen wir einen weiteren Blick auf die Vergangenheit werfen, der uns zunächst auf die Herren, welche im Bliesgau ansässig waren, und alsdann auf den aus dem Lüneville'schen Geschlecht der Grafen von Blieskastel entsprossenen Grafen von Lützelstein im Westrich führt.

Zur Zeit der Regierung König Konrads I. in Deutschland wurde ein Streit mit dem französischen König Karl dem Einfältigen dahin geschlichtet, daß man dem Lotharingischen Reiche zwei Provinzen abnahm und dem deutschen Reiche einverleibte, und zwar Elsaß, welches seit 939 mit dem Herzogthum Schwaben oder Allemannien verknüpft ward, und das Westrich (Westerreich), welches seitdem die Verfassung einer unmittelbaren Provinz des deutschen Reichs erhielt.

Unter dem Westrich (Deutschlothringen, Rheinbaiern) ist derjenige Theil des großen Wasgaues (Wasgenwald, les Voges, daraus entstellt Vogesen) zu verstehen, welcher von dem Bruscher Thal oder Ursprung der Saare an auf beiden Seiten des Flusses, zwischen dem Herzogthum Oberlothringen, dem Elsaß, dem Herzogthum des rheinischen Franzien, und dem Hundsrück lag, und bis an den Einfluß des Saarstromes in die Mosel sich erstreckte.

In dieser Provinz erheben sich mächtige und edle Geschlechter, welche nicht nur ihre freien Herrschaften mit größerer Unabhängigkeit besaßen, sondern auch theils von den Königen, theils von den Metz'schen Bischöfen, deren Pfalzgräfliche Gewalt mit ihren ausgebreiteten Stiftslanden in dem ganzen Westrich überaus ansehnlich war, durch Verleihung von Grafschaften und andrer Lehen verherrlicht worden.

Es begriff diese Landschaft von den ehemaligen Gauen des Lotharingischen Reichs den Albgau an der Vesouse, aus dessen Grafschaft die Herrschaft Blamont oder Blankenberg entstanden ist, den Niedgau oder die Landschaft an der französischen und deutschen Nied, den untern Saargau nebst einem Theil des Moselgaues, soweit sich solcher diesseits der Mosel und über die Saar herüber bis an den Hunsrück erstreckte, den Bliesgau und den Obersaargau, worin die Grafschaft Saarburg schon seit dem 10. Jahrhundert ersichtlich ist.

Der Bliesgau lag auf beiden Seiten der Blies bis an ihre Vereinigung mit der Saar (bei Saargemünd). Das Oberamt Zweibrücken, das Hessendarmstädtische Amt Lemberg, die Herrschaft Gravenstein, die Grafschaft Bitsch (soweit sich diese an der Sualbe hinaufzieht), die Herrschaft Blieskastel, ein Theil der Grafschaft Saarbrücken, die Herrschaften Ottweiler und Sant Wendel lagen in dem Bezirke desselben.

Die Grafen des Bliesgaues[1] waren:

Wicbert, zu Zeiten Kaiser Karls des Großen;
Ehrenfried, verwaltete wenigstens im Jahre 888 einen Theil der Grafschaft des Bliesgaues;
Odacker, der mächtige Graf erscheint i. J. 891;
Hartung, i. J. 956;
Volmar (von Lüneville), i. J. 982;
Godfried I., i. J. 1087;
Godfried II., i. J. 1100, von dem die Grafen von Blieskastel abstammen.[2]

Das herrliche Geschlecht, welches die Grafschaft Blieskastel von dem 11. Jahrhundert bis 1273 besessen, entsproß aus dem Stamm der Herren von Lüneville und erzeugte aus sich den Zweig der Grafen von Lützelstein.

Das Geschlecht der Herren von Lüneville ist ein einheimisches und eines der ältesten und edelsten Geschlechter in Lotharingen gewesen, welches die gleichzeitige Geschichte der Bischöfe von Tull unterm Jahr 994 ausdrücklich

---

[1] Aus diesem Bliesgau stammen die edelsten Geschlechter der Franken seit dem 8. Jahrhundert. Obenan steht das Salische Geschlecht, welches dem Rheinischen Franzien dessen vornehmste Fürsten, Königliche Kammer-Prokuratoren und Herzoge, und in dem 11. und 12. Jahrhundert dem deutschen Reich seine Könige und Kaiser, von Konrad dem Salicker an bis auf Heinrich V. gegeben hat. Crollius, Orig. Bipp. cap. III. Am Ende des 9. und im 10. Jahrhunderte sehen wir hier die ältesten Grafen von Metz und die Oberlothringischen Erbherzoge entstehen -- Crollius, Westr. Abth. I. St. S. 12 —, ferner im 12. Jahrhundert die angesehenen Grafen von Saarwerden — Crollius, I. St. S. 24 —.)

[2] Crollius, Westr. Abth. I. St. S. 6. 1771. — Origg. Bipp. P. I. cap. I. u. II.

bezeugt.[1] Obgleich das Stammhaus der Herren von Lüneville in der Diöcese Tull, oder dem Kalmenzgau,[2] gelegen war, so haben sie dennoch nicht nur eigenthümliche Güter in der Diöcese Metz, sondern auch ihre Lehen und Grafschaften in letzterer gehabt.[3] Im Jahre 982 sehen wir einen Herrn des Lünevilleschen Geschlechts als Grafen von Saarburg im Bliesgau herrschen, dessen Nachkommen seit der Mitte des 11. Jahrhunderts als Grafen von Metz und Herren von Lüneville, sodann als Stift Metzsche Grafen von Dachsburg nebst Türkelstein, Saaralbe und Herrenstein auftraten und Ende des 11. Jahrhunderts von dem Hochstift Metz die Burg Blieskastel (Castres oder Kastel an der Blies) zu Lehen erhielten.[4] Durch Heirath mit der Erbtochter aus dem Elsässischen Grafenhause, Spanehild, fiel zu gleicher Zeit die Grafschaft des Nordgaues an das Lünevillesche Geschlecht.[5] Die Herrschaft Lüneville kam aber im 12. Jahrhundert an das agnatische Haus der Grafen von Blieskastel, woraus Graf Volmar I. eine Erbtochter des Metzschen Grafen Volmar V. und Stifters von Beaupré, Clementia, zur Ehe hatte.[6] Der dritte Sohn aus dieser Ehe, Hugo, wohnte seit Ende des 12. Jahrhunderts zu Lützelstein.[7] Durch seine Heirath

---

[1] Hist. Episc. Tull. cap. LXIII.

[2] Schöpflin, Als. illust. T. I. p. 670.

[3] Abt Calmet — l. c. preuves. p CXVIII — geht in das 8. Jahrhundert zurück, da im Jahre 787 ein Graf Volmar als Metzscher Vasall und Stiftsvogt zu Longeville erscheint.

[4] Schöpflin, Als. illust. T. II. p. 484 ꝛc. Crollius, Westr. Abth. I. St. S. 30 ꝛc.

[5] Schöpflin muthmaßt, daß Spanehild auch die Grafschaft Dachsburg von dem Elsässischen Hause auf das Lünevillesche Geschlecht mitgebracht habe. Die Grafschaft zu Metz aber, welche die Herren von Lüneville besessen haben, ist wohl zu unterscheiden von der Grafschaft des Metzer- oder Moselgaues, welche die Ahnherren des Lothringischen Hauses verwaltet haben.

[6] Kuyr antiquités p. 427.

[7] Hugo I. bestätigte zu Lützelstein den 1. Mai 1212 die Schenkung eines Ritters Hugo von Delingen an das Kloster Werssweiler bei Zweibrücken, und unter den Zeugen dieser Urkunde sind dessen Söhne Hugo II. und Conrad — Crollius, Westr. Abth. I. St. S. 47.

mit Cunigund von Riste erwarb er die Herrschaft Riste bei Metz. Dessen dritter Sohn Hugo erscheint im Jahre 1216 als Graf von Lützelstein in einer Urkunde der Abtei Neuenburg im Elsaß.[1]

Im Jahre 1220 trägt derselbe in Gegenwart seines Bruders Conrad von Riste dem Hochstift Straßburg seine Burg Lützelstein zu Lehen auf.[2] Es hatte nämlich Bischof Heinrich von Straßburg mit dem Grafen Hugo von Lützelstein im Jahre 1219 Streit, da ihm derselbe an seinen Besitzungen Schaden zugefügt hatte. Der Zwist wurde aber durch das Dazwischentreten mehrerer angesehener Männer vermittelt. Der Graf kam nach Straßburg, und übergab daselbst, in Gegenwart der bischöflichen Mannen und der vornehmsten Bürger, dem Bischof seine Burg Lützelstein, die er sogleich von letzterm als Erblehen zurückerhielt, und am 11. Januar 1220 die gewöhnliche Huldigung leistete. Dabei wurde Folgendes festgesetzt: Würde die Kirche von Straßburg je mit Krieg oder auf eine andere Weise bedrängt, und der Graf könnte der Verwandtschaft oder anderer Ursachen wegen, dem Bischof keine Hülfe leisten, so solle er ihm seine Burg öffnen und übergeben, bis nach des Krieges Beendigung, wo sie dann wieder dem Grafen zugestellt würde. Auch verpflichtet sich der Prälat, dem Grafen mit Rath und That, wo es Noth wäre, zu helfen und beizustehen.[3]

---

[1] B. Herzog läßt in seiner Elsassischen Chronik B. V. p. 101 schon im Jahre 938 einen Conrad Grafen zu Lützelstein auf dem Turnier zu Magdeburg erscheinen, ferner im Jahre 1019 einen Eberhard Grafen zu Lützelstein auf dem Turnier zu Trier, einen Heinrich Graf zu Lützelstein auf dem Turnier zu Augsburg, im Jahre 1151 einen Conrad Graf zu Lützelstein als Bischof zu Augsburg, im Jahre 1179 einen Friedrich Graf zu Lützelstein auf dem Turnier zu Cöln ꝛc., allein diese Nachrichten sind fabelhaft.

[2] Es bestand aber dieses aufgetragene Lehen nur in drei Theilen der sonst eigenthümlichen Feste Lützelstein und Zugehörden, als wite lang und breit ein Meil weit wegs um und um Lützelstein begriffen ꝛc. wie aus den Lehnbriefen vom 3. Januar 1220 ꝛc. zu ersehen, cf. Schöpflin T. II. p. 196.

[3] Schöpflin, Als. dipl. T. I. p. 340.

Im Jahre 1243 den 15. Juli vertauschte Graf Hugo II. von Lützelstein, Herr von Lüneville, die drei Orte: Lüneville, Valfrocourt und Gerbeviller an Herzog Matthäus II. in Lothringen gegen die Burg Spisemberg, und was der Herzog zu S. Diey, Moyenmutier und Etival 2c. gehabt. Aber eben diese Stücke nebst der Vogtei von S. Diey erkaufte gedachter Herzog im Jahre 1246 wiederum von dem Grafen Hugo II. zu Lützelstein für 3300 Pf. Metzer Pfennige.[1]

Im Jahre 1276 veräußerte Graf Hugo von Lützelstein dem Kloster Neuweiler seine Güter und Gefälle zu Dunningen (Donnelai) in Lothringen.[2]

Die Sucht der kleinen Befehdungen und Kriege steigerte sich.

Im Spätjahre 1347 errichteten Volmar, Graf zu Lützelstein, die Grafen Simon I. von Zweibrücken-Bitsch und Walram zu Zweibrücken, sowie noch 12 Herrscher ein gegenseitiges Schutz- und Trutzbündniß, gewöhnlich der westricher Bund genannt, auf die Dauer von 4 Jahren.[3]

Am 20. October 1378 hatten die vier Gebrüder von Zweibrücken-Bitsch und der Graf Heinrich zu Lützelstein, nebst ihren Helfern und Dienern, in einem Treffen bei Lützelstein 92 Ritter und Edelknechte niedergeworfen, ihnen ihre Habe, Rüstung 2c. und sie selbst gefangen genommen, also einen glänzenden Sieg über ihre Widersacher erfochten; über ein Jahr lang ließen sie dieselben im Kerker schmachten, bis sie sich endlich erweichen ließen und ihnen wieder ihre Freiheit schenkten.[4]

Die Straßburger Bürger mit Unterstützung des Bischofs von Straßburg, Grafen von Lützelstein 2c. zerstörten um Pfingsten 1382 die Burg Schechtelo. Der Besitzer dieser Burg, Graf von Fersey, darüber erbost, zog gegen die Grafen von Lützelstein und die Herren von

---

[1] Crollius, Westr. Abth. I. St. S. 53.
[2] Archiv des Unter-Elsaß, G. 5382.
[3] J. G. Lehmann, Hanau-Lichtenberg, B. I. S. 116.
[4] Lehmann, Hanau-Lichtenberg, B. II. S. 223.

Finstingen und schädigte diese; als aber denselben viele Herren zu Hülfe kamen, flüchtete derselbe. [1]

Im Spätjahr 1387 verpfändete der Graf Heinrich zu Lützelstein, angeblich um seines besseren Nutzens willen, seinen Brüdern Burckhard und Folmar, seinen Vettern, Heinrich IV. von und Johannes IV. zu Lichtenberg, sowie noch mehreren Rittern und Edelknechten, einen achten Theil an der vordern und hintern Burg Lützelstein, mit allem Begriffe, mit hohen und niedern Gerechtsamen und Herrlichkeiten, die Mannschaften und Lehen allein ausgenommen, für 1350 Goldgulden, mit dem Vorbehalte des Wiederkaufs. [2]

Im Jahre 1392 betheiligten sich viele Fürsten und Grafen, freie Herren, Ritter und Knechte, darunter auch die Grafen von Lützelstein, an dem Krieg zwischen Bischof Friedrich von Blanckenheim und der Stadt Straßburg,

---

[1] (Schilter-Königshofen. S. 339.) An der Mosel, vier Meilen von Gerberville, gegen Epinal zu, lag die Burg Chatillon (Klosener-Königshoven, S. 207, wo sie Schettelo heißt), dem Grafen von Varsey (zwei Meilen von Vic. Im Text heißt er Fersey) zuständig, eine wahre Raubhöhle, aus welcher dem Elsasse und der Stadt Straßburg vielfacher Schaden zugefügt wurde. Hinter den starken Zinnen dieser schon durch ihre Lage begünstigten Feste, glaubten sich die bewohnenden Schelmen vor jedem Ueberfall gesichert. Als aber die Klage über die Unsicherheit der Wege in der Umgegend immer lauter wurde, warfen die von Straßburg ihr Banner auf, und zogen vor Chatillon, um es zu belagern. Bald langten auch der Bischof von Straßburg, der Graf von Lützelstein und die Reichsstädte mit ihrer Mannschaft daselbst an, und nun wurde drei Wochen lang, bei verzweifelter Gegenwehr der Belagerten, die Burg gestürmt, so daß von beiden Seiten Viele den Tod fanden. Endlich ergab sich die Besatzung gutwillig, und zog ungehindert ab; dann wurde die Burg von den Belagerern, es war um die Pfingstzeit, gänzlich zerstört. Aber der bisherige Besitzer der Feste war über ihre Zernichtung sehr ungehalten: er sammelte ein bedeutendes Heer, fiel damit in das Gebiet des Grafen von Lützelstein, und belagerte Gerbeville; (Scherböle in Westerich) auch fügte er dem Herrn von Finstingen beträchtlichen Schaden zu. Da eilten alsbald die Bürger von Straßburg mit ihren Freunden, der Bischof, die Markgrafen von Baden, mit andern Herren und mit den Städten herbei, um den von Varsey zu bekämpfen. Als aber dieser so viele Gegner auf sich loskommen sah, floh er, und seine Mannschaft zerstreute sich. Nachdem nun die Verbündeten sein Gebiet mit Verwüstung heimgesucht, kehrten sie nach Haus zurück (A. W. Strobel, Gesch. d. Elsasses, B. II S. 404)

[2] J. G. Lehmann, B. I. S. 187.

belagerten die Stadt und plünderten die Umgegend, was der Bürgerschaft gehörte.[1]

Die im Jahr 1377 stattgehabte eheliche Verbindung des Grafen Heinrich zu Lützelstein mit der Schwester des Markgrafen Rudolf von Baden, Wittwe des Grafen Gottfried von Leiningen, ward eine Quelle vielfacher späterer Familienzwistigkeiten und blutiger Fehden zwischen den Lützelsteinern und Leiningern. Derselbe Graf Heinrich gerieth mit Herzog Leopold von Oesterreich in verdrießliche Händel, in deren Folge er i. J. 1382 sich unter den Schutz des römischen Reichs begab, die Lehnshoheit des deutschen Kaisers anerkannte und als Belohnung die Zolleinkünfte des Dorfs und Schlosses Einhardshausen (Amerzhausen, auch Aurenzhausen) zum Genuß erhielt, das einen Vogesenpaß beherrschte und auf derselben Stelle lag, wo später die Festung Pfalzburg erbaut wurde. Zugleich erwarb dieser Heinrich von Lützelstein i. J. 1391 die Hälfte der Herrschaft Gerolseck vom Bischof von Metz.[2]

Als der pfälzer Kurfürst sich immer mehr im Elsaß festsetzte, gestatteten im Juni 1394 Frau Walpurg von Lützelstein, Wittwe Friedrich's von Gerolseck, ihr Eidam Rudolf II. von Ochsenstein, dessen Gattin Kunigunde und drei Söhne, Friedrich, Johannes und Crispian, Ruprecht II. eine Oeffnung in ihren Festen Maursmünster, den beiden Gerolseck, Steinsal und Barr, auch gelobten die genannten Betheiligten den Frieden in diesen Burgen, wobei man noch die besondere Bedingung machte, wenn sich der Pfalzgraf der ihm zugestandenen Oeffnung bedienen wolle, müsse er zugleich die Kosten für Wachen und Hüten daselbst mit bestreiten helfen, auch dürften jene Festen nicht gegen den Bischof von Metz, als Lehensherrn, gebraucht werden; zudem verschrieb sich noch der Pfälzer gegen die Wittwe Walpurg wegen ihrer beiderseitigen Amtleute zu Mauersmünster, Gerolseck und Steinsal, endlich sicherte er derselben, sowie ihren sämmtlichen Besitzungen seinen und seiner Beamten kräftigsten Schutz und sichere Fürsprache zu. Als eine Folge dieser Oeffnungsgewährung errichtete der Kurfürst einige Monate nachher einen Burgfrieden in

[1] Schilter Königshofen S. 758.

[2] Billing, Gesch. d. Elf S. 220 &c — B. Herzog, Chronik. B. V. S. 101 &c.

den zur Herrschaft Geroltseck am Wasichen gehörenden Festen Groß- und Kleingeroltseck und in Burg und Stadt Maursmünster mit den dasigen Ganerben, nämlich mit dem Bischofe Wilhelm von Straßburg, dem Grafen Heinrich zu Lützelstein, mit dessen Schwester, der Wittwe Walpurg von Geroltseck, mit deren Tochtermanne, dessen Gemahlin und den von Hohenstein, Wildsperg und Lützelburg.[1]

Im Jahre 1402 verpfändete Graf Heinrich zu Lützelstein die Festen Groß- und Kleingeroltseck dem Junker Eberhart von Ochsenstein.[2]

Burckhard, Bruder des Grafen Heinrich zu Lützelstein, Dompropst zu Straßburg, wurde im Jahre 1390, gegen seinen Mitbewerber Wilhelm von Dietz, durch das ihm wohlwollende Domkapitel zum Bischof von Straßburg erwählt. Der Papst, welcher Dietz unterstützte, erklärte Burckhard in den Bann der Kirche, während jener, der, wie die Folge erwies, neben dem Krummstab auch das Schwert meisterlich zu führen verstand, mit bewaffneter Hand in das Elsaß einfiel und verschiedene vom Bisthum abhängige Ortschaften, die zu Burckhard hielten, theils einnahm, theils verwüstete. Burckhard war allzufriedliebender Natur, um länger Ursache so unseliger Wirrnisse bleiben zu wollen, um so mehr, da der päpstliche Bannstrahl nach und nach seine sämmtlichen Anhänger von ihm entfernt hätte. Er ließ sich daher in einen gütlichen Vergleich mit seinem Gegner ein, dem er alle seine Rechte abtrat und sich nur Ruffach mit allen Abhängigkeiten vorbehielt, das sein Vorgänger, Friedrich von Blankenheim, kaum erst aus seinen Trümmern erhoben und mit Mauern umgeben hatte, nachdem es durch die wilden Scharen Enguerrands von Coury, die s. g. Engelländer, gänzlich niedergebrannt worden.[3] Burckhard ließ sich das Wohl der Unterthanen in seinem Bisthum angelegen sein. So bestätigte er z. B. den Bürgern zu Zabern am ersten Samstag nach Adolphi 1393 alle ihre alten Rechte, Freiheiten und guten Gewohnheiten.[4]

---

[1] Lehmann, Hanau-Lichtenberg, II. 81 ꝛc

[2] Lehmann, Hanau-Lichtenberg, II. 91.

[3] B. Herzog. B. V S. 102 ꝛc.

[4] Fischer, Zabern, S. 58.

Derselbe trug übrigens nie große Neigung zum geistlichen Stande, war vielmehr dem Liebesgotte ergeben, und als er für Agatha von Hohenfels schwärmte, ließ er — wie Herzog, V. 102. sagt — das Pfaffenwerk gar fahren und griff zu der Ehe. Im Jahre 1403 folgte Burckhard seines Bruders Heinrich Sohn, Friedrich, in der Grafschaft. In demselben Jahre erwarb er Einharzhausen und überließ von diesem Schlosse und Dorfe sowohl, als auch von Lützelstein einen vierten Theil an Kaiser Ruprecht, erkannte zugleich über die drei übrigen Theile von Einharzhausen die Kurpfälz'sche Lehnbarkeit an. [1] Im Jahre 1406 gab Burckhard, vor dem versammelten Domkapitel in Straßburg, die s. g. Klosterlehen auf und wendete sie seinem Vetter, dem Domherren Johannes von Ochsenstein, zu; dieselben lagen in folgenden Dörfern und Bännen: zu Northus, Wübelsheim, Bibelnheim, Sulz, Hangendenbütenheim, Hirtingheim, Druchtersheim, Eckeuersheim, Lampertheim, Düngensheim bei Criegesheim, Bergheim bei Andeln, Stotzheim, der Dinghof zu Zeinheim, zu Rande und zu Zehenacker, das Schultheißenamt zu Ingelzal und der halbe Theil des Zehnten in dem Kirchspiel zu Offenburg. Auch besiegelte er und seine Schwestern, Walpurg und Margaretha, einen Vertrag mit den Ochsensteinern, und als darauf Junker Friedrich von Ochsenstein seine zwei Brüder, die Domherren, in die Nutznießung des dritten Theils der Stadt Wangen eingewiesen hatte, erhob dagegen Burckhard, der sich ebenfalls für einen Erben jenes dritten Theils hielt, i. J. 1411 Einspruch. [2] Im Jahre 1414 erhielt Burckhard von dem Bischof Wilhelm von Straßburg die lehenherrliche Einwilligung, auch seine übrigen drei Antheile an Lützelstein dem Kurfürsten Ludwig unterwerfen zu dürfen. [3]

Burckhard zeugte 3 Kinder, darunter 2 Söhne, Jacob und Wilhelm, die zwar als wackere Kämpen die Ehre ihres Wappenschildes auf manchem Schlachtfelde mit tapferer Faust zu behaupten wußten, im Uebrigen aber ihrem geistlichen Vater zum Fluch lebten.

[1] Kremer, Gesch. Friedrich I. v. d. Pfalz, I., IV. 12.
[2] Lehmann, Hanau-Lichtenberg, II. 91. 96 99.
[3] Kremer, Gesch. Friedrich I, 1 VI. 13.

Im Jahre 1419 machte sich Ludemann IV. von Lichtenberg sowohl als Verwandter,[1] als auch aus Liebe und Freundschaft gegen die unmündigen Söhne des verstorbenen Grafen Burckhard zu Lützelstein, über welche der pfälzer Kurfürst Ludwig IV. Vormund war, verbindlich, bis zu deren Großjährigkeit ihre Lehen bei Kurpfalz, Lothringen, Straßburg und Metz zu muthen und auch ihre Activlehen zu verleihen.[2]

Die beiden Grafen Jacob und Wilhelm machten sich nach ihrer Großjährigkeit mancher widerrechtlicher Eingriffe und Räubereien schuldig, führten viele Kriege, namentlich wider Lothringen, Pfalz, Bitsch, Leiningen und Ochsenstein, kämpften aber auch gegen drückende Kriegsnoth im Elsaß. Von letzter Art war die Vertheidigung gegen die fremden Scharen, welche bei dem Volke den Spitznamen der armen Gecken[3] erhielten. Als im Jahre 1439 diese Gecken im Elsaß drei Wochen überall mit Würgen und Rauben allgemeines Entsetzen verbreitet hatten und über das Gebirg nach Lothringen und Frankreich abziehen wollten, wurden sie von den Herren und Grafen von Lützelstein, Lichtenberg, Ochsenstein, Solms, Mörs und andern, die ihr Volk versammelt hatten, bei Lützelstein angegriffen, wo 2000 Gecken und 1400 Verbündete blieben, die Gecken aber das Feld behaupteten und darauf nach Frankreich fortzogen. Im Lützelsteiner Dorfe Einhardshausen wurden zu jener Zeit 15 Gecken getödtet. Beide Grafen von Lützelstein zeichneten sich im Jahre 1444 in dem Heldenkampfe der Schweizer bei St. Jakob, unweit Basel, wider den Dauphin von Frankreich und die Armagnaken rühmlich aus. In demselben Jahre erstachen die Herren von Lützelstein mit ihrer Mannschaft 4 Armagnaken zu Maursmünster, zur Zeit als der Landvogt, die Landherren und die Vertreter der Stadt Straßburg in Zabern

---

[1] Nach der Geschlechtskunde der Lichtenberger war Agnes von Lützelstein im Jahre 1284 mit Ludwig von Lichtenberg verheirathet. V. Herzog, V. 3.

[2] Lehmann, Hanau-Lichtenberg, I. 211.

[3] Verzerrung des Wortes Armagnaks, Abenteurer, welche Karl VII. in Frankreich gegen die anwesenden Engländer, später Herzog Renatus II. gegen den Grafen von Baudemont verwandte.

tagten. Auf Martini 1444 zogen Graf Wilhelm von Lützelstein mit denen von Zabern, Saarburg und Andern nach Ingenheim, jagten die Armagnaken in die Flucht, erschlugen 40, nahmen viele gefangen und eroberten 183 Pferde. Zu gleicher Zeit verursachte Johann von Finstingen, Marschall in Lothringen, auf Rath von Delphin mit 4000 Pferden den Grafen von Lützelstein und den Straßburgern großen Schaden. In demselben Jahre zogen die zwei Grafen von Lützelstein mit 100 Wagen Wein und Frucht von Maursmünster nach der Stadt Straßburg, Junker Jacob voran und Wilhelm nach, zu beiden Seiten ihre Völker und Schützen getheilt, und als ihnen die Gecken nachfolgten und Wilhelm in den Arm schossen und viele andere Gesellen verwundeten, da wurden zwei Schüsse mit „Clotzbüssen" unter die Gecken gefeuert, wovon der eine Schuß fehlte, der andere aber 5 Mann tödtete. Bei Mufach (Musaw) kam sodann große Hülfe aus Straßburg, worauf die Gecken flüchteten. Als im Jahre 1445 die Gecken abgezogen waren, bekam Johann von Finstingen große Feindschaft im ganzen Land, weil er jenen Vorschub geleistet hatte. Aus Rache zogen die Lützelsteiner und Straßburger in seine Herrschaft und verbrannten ihm neun Flecken. Gottfried und Walther von Thann, welche von dem Herrn von Finstingen Wasselnheim zum Lehen hatten, kamen letzterem zu Hülfe, fielen in die Grafschaft Lützelstein, nahmen Aßweiler ein, erwürgten darin Mann und Weib und verbrannten es.[1]

Ein räuberischer Anschlag wurde wider den Kardinal Ludwig von Arles, der beim Concilium von Basel den Vorsitz geführt und thätig zur Wahl des Papstes Felix V. gegen Eugen IV. mitgewirkt hatte, geführt. Als derselbe im Jahre 1445 von Frankfurt heimkehrte, wo er einem durch den Kaiser ausgeschriebenen Fürstentage beigewohnt hatte, der über die Mittel rathschlagen sollte, wie Einigkeit und Frieden in den Schoß der Kirche zurückzuführen seien, lauerten ihm die Grafen Wilhelm von Lützelstein und

[1] Schilter-Königshofen, Chron. S. 931, 934, 1001, 1004, 1009, 1020. — B. Herzog, Chron. VIII. 137. — A. W. Strobel, III. 190 ꝛc.

Johann von Eberstein bei Benfelden auf und überfielen seinen Reisezug am Samstag nach St. Gallustag. Er selbst entkam mit genauer Noth und Verlust aller baaren Habe nach Benfelden hinein und ward von da heimlich nach Schlettstadt gebracht. Diesen Anschlag soll der Bischof von Straßburg begünstigt haben, auf Anstiften des Papstes Eugen, der dem Kardinal den Vorschub nicht verzeihen konnte, welchen er in Basel der Sache seines Gegners geleistet hatte.[1]

Im Jahre 1447 wurde das ruhige und gedeihliche Walten des Grafen Friedrich von Bitsch durch eine häßliche Begebenheit unterbrochen, die uns einen auffallenden Beleg zu der Eigenmächtichkeit, Verwilderung und Rohheit so mancher Glieder des hohen Adels damaliger Zeit liefert. Trotzdem im Jahre 1440 mehrere Elsässer Grafen und Herren zu gegenseitiger thätiger Hülfe in jenen verwirrten und unruhigen Jahren ein Bündniß unter sich errichtet hatten, woran auch die gräflichen Brüder, Jacob und Wilhelm von Lützelstein, nebst Friedrich von Bitsch Theil nahmen, überfielen jene, in der Nacht vom 19. auf den 20. März 1447, mit ihren Helfern unvermuthet die Feste Bitsch, um sich des daselbst wohnenden Grafen zu bemächtigen, oder ihn zu „greifen", ohne aber demselben vorher, nach Brauch und Herkommen, eine Fehde angekündigt zu haben. Die Gefahr für letzteren war augenscheinlich und nahe, denn der verwegene Philipp Schnitlauch von Kestenburg rannte auf dessen Kammer zu und schrie: man sollte den Grafen todtschlagen! Allein ein treuer Kammerdiener, Mathis, ermunterte seinen Gebieter, sich zu flüchten und nicht fangen zu lassen; dem nachkommend machten beide sich schnell auf, kamen, in bloßem Hemde, zur Burgmauer, fanden glücklicherweise die Strickleitern, auf denen die hinterlistigen Feinde die Feste erstiegen hatten, und ließen sich an denselben hinab. Hierbei rissen jedoch die Stricke, ehe sie völlig unten angelangt waren, und beide stürzten auf die Felsen nieder. Obgleich der Graf, als eine natürliche Folge dieses schweren Falles, mehrmals Anwandlungen von Ohnmachten hatte, so erholte

[1] Th. Klein, Buchsweiler und Lützelstein, S. 42.

er sich doch bald wieder; die drohende Gefahr gab ihm und seinem treuen Gefährten Kraft, Muth und Ausdauer, und so entrannen sie glücklich den Händen ihrer Feinde. Als beide außer Gefahr und in Sicherheit waren, entsandte Graf Friedrich seinen Kammerdiener eilends nach Medelsheim, um die Landleute zu warnen und zur Hülfe zu ermuntern, während er selbst seinen Weg auf dem Ackergaul eines seiner Leibeigenen, der ihn auch begleitete, nach der Burg Lemberg richtete, wobei er aber letzteren vorsichtig voraus auf Kundschaft schickte, in der Befürchtung, daß auch diese Feste bereits verrätherisch eingenommen und besetzt wäre. Als er vernahm, daß dort noch alles ruhig sei, begab er sich dahin, wo eben seine Ehefrau Anna weilte. Die Lützelsteiner und ihre Genossen hatten unterdessen die Feste Bitsch besetzt und genau durchsucht; und als sie fanden, daß der Graf ihnen entwischt sei, ergriffen sie dessen Schwäger und legten sie in sicheren Verwahr nach Lützelstein; die beiden zurückgelassenen Söhne Friedrichs aber, von denen der eine 9 Jahre alt und der andere noch ein Säugling war, behielten sie bei sich in Bitsch.

Kaum hatte die Gräfin das Schicksal ihrer Kinder vernommen, da ergriff tiefer Schmerz das Mutterherz, und nur von einer Kammermagd begleitet, machte sie sich, am darauf folgenden Sonntage, sogleich auf den Weg nach Bitsch, um ihre Kinder zu sehen, und wo möglich zu holen. Als Graf Wilhelm von Lützelstein, der sich gerade vor dem Thore von Kaltenhausen befand, sie nicht einlassen wollte, weil er, wie er vorgab, dazu nicht ermächtigt sei, da verlieh ihr die Mutterliebe Kraft und Stärke; sie fiel denselben mit Gewalt an und schrie ihm zu: du ehrvergessener Graf, willst du in die Stadt, so mußt du auch mich hineinlassen! Zugleich erfaßte sie ihn an seinem Bart, zog ihr Messer aus der Scheide und wollte ihn ermorden, als er voller Bestürzung sie einließ und ihr sogar noch persönliche Sicherheit gewährte. Den Säugling fand sie unten in der Stadt, aber ihr neunjähriger Knabe, den sie ebenfalls besuchte, war oben in der Burg, und da man ihr nur eins ihrer Kinder nebst ihren Kleinodien verabfolgen lassen wollte, so erklärte die beherzte Frau den Grafen: wenn sie ihr ihre beiden Kinder nicht geben wollten, so möchten sie auch das Uebrige behalten; jene würden ihnen nichts nützen, denn sie besäße doch die Hauptsache, nämlich ihren Gatten, den rechten Vogel, der ihnen entflohen sei und der mit Gewalt zu erzwingen wissen werde, was man ihrem mütterlichen Flehen versage; auch hätten sie beide noch Lebensunterhalt genug und Gott würde ihnen wol noch andere Kinder schenken. Hierauf schied sie von dannen, dem Graf Wilhelm aber, der sie aus dem Schlosse ehrerbietig begleiten wollte, die mannhafte Rede entgegenschleudernd: er, sowie sein Bruder Jacob und ihre Helfershelfer hätten verrätherisch, böse und falsch gegen ihren Gemahl gehandelt, daher er nicht würdig sei, sie zu führen oder zu geleiten; sie schalt ihn überhaupt bei ihrem Weggange noch gar übel aus und kehrte wieder nach Lemberg zu ihrem Gatten zurück.

Das gewaltthätige, landfriedenbrüchige Verfahren der Lützelsteiner gegen den Grafen Friedrich erregte allgemeines Aufsehen und letzterer rief den Kurfürsten Ludwig V. von der Pfalz, dessen Bruder, den Pfalzgrafen Friedrich, den nachherigen Helden, den Herzog Stephan von Zweibrücken-Veldenz mit seinem Sohne, sowie die Grafen von Nassau und von Leiningen-Rixingen ꝛc. um Hülfe an; auch der Herzog von Lotharingen ward, durch das inständige Flehen der Gräfin Anna, für die gerechte Sache ihres Gatten gewonnen, und alle rüsteten sich. Inzwischen hatte Graf Wilhelm von Lützelstein Bitsch verlassen, um, bei solchen umfassenden Rüstungen gegen ihn und seinen Bruder Jacob, für die Sicherheit ihrer Grafschaft Sorge zu tragen, und letzterer blieb allein daselbst zurück. Als aber derselbe dem Grafen Friedrich, um ihn einzuschüchtern, täglich benachrichtigen ließ, er würde bei ferneren kriegerischen Anstalten dessen zwei Kinder erwürgen lassen, da zog, auf solche Kunde hin, der tapferer Graf von Würtemberg nach Bitsch und verlangte unter Androhung seiner Feindschaft von dem Grafen Jacob die Kinder, worauf ihm Jacob den hülfslosen Säugling überlieferte, den andern Knaben aber noch zurückbehielt. In Meckelsheim hatten Graf Friedrich, sowie die von Nassau und Rixingen, nebst anderer Ritterschaft, ihre Streitkräfte gesammelt und rückten damit am 26. März nach Schorpach bei Bitsch, und als auch die Heeresmacht des Herzogs Stephan Sohn Friedrich und des Pfalzgrafen Friedrich herangerückt war, so wurde am 21. April der Anfang mit der engeren Belagerung Bitschs gemacht, worauf jedoch der darin befindliche Helfer der Lützelsteiner, Graf von Eberstein, sich mit zwölf Pferden aus dem Staube machte.

Während das vereinigte Heer vor Bitsch lagerte, ließ der lothringer Herzog zugleich, am 2. Mai, die Stadt und Feste Lützelstein belagern, und kaum hatte der in Bitsch weilende Graf Jacob davon Kenntniß erhalten, so verließ er am folgenden Tage die Burg mit ungefähr 40 Pferden und mehreren vom Adel und hinterließ den Belagerten die Weisung, wenn sie keine Rachtung oder keinen Frieden von den Belagerern erlangen könnten, so sollten sie die unterhalb gelegene Stadt Kaltenhausen in Rauch aufgehen lassen, was sie auch, da sie sich nicht mehr halten konnten, am 4. Mai vollführten und Alles bis auf zwei Häuser niederbrannten. Am folgenden Tage kam dem Grafen Friedrich von Bitsch im Lager die angenehme Nachricht zu, der Junker Eberhardt von Andlau hätte seinen Sohn, den der Graf Jacob bei seiner Entweichung aus Bitsch mitgenommen hatte, befreit und dessen Begleitung, bestehend in 8 Reisigen, niedergeworfen und zu Gefangenen gemacht. Bei dieser frohen Kunde brach der glückliche Vater in die Worte aus: da er jetzt seinen Sohn wieder habe, so seien alle Häuser in der abgebrannten Stadt unter Bitsch wieder zu erbauen! Am 12. Mai mußte sich die Besatzung von Bitsch ergeben, die man mit ihrer Habe abziehen ließ. Lützelstein ergab sich drei Tage später dem Herzoge von Lotharingen. Dieser war schon bereit, die Feste völlig zerstören zu lassen, als der Pfalzgraf, der einen Theil derselben besaß, den Vertrag zu Stande brachte, daß jeden der beiden Parteien ihre Feste wieder zurückgegeben wurde. An demselben Tag ward noch Schloß Einarzhausen eingenommen und besetzt, aber auch wieder zurückgegeben. Die beiden Lützelsteiner Grafen ärnteten übrigens die verdienten herben Früchte ihrer Treulosigkeit und ihres Landfriedenbruches, denn sie waren genöthigt, die härtesten

Bedingungen einzugehen; auch mußten sie Lützelstein von dem pfälzer Sieger zu Lehen empfangen.[1]

Als sich zwischen dem Grafen Schaffried von Leiningen und den Herren von Lichtenberg große Feindseligkeiten entspannen, schloß im Jahre 1450 der ältere Lichtenberg, Graf Jacob, mit seinen gräflichen Vettern, Jacob und Wilhelm von Lützelstein, ein enges Schutz- und Trutzbündniß gegen Schaffried von Leiningen, dessen Helfer und vorkommenden Falls auch gegen den pfälzer Herzog Friedrich. Zu demselben Bunde gehörten die Brüder Johann und Wilhelm von Finstingen, nebst mehreren Herren aus der Markgrafschaft von Baden und aus Lothringen, während Diebold von Hohengeroldseck, Georg von Ochsenstein, Jacob von Saarwerden und Johann von Fleckenstein, nebst einer Anzahl pfälzischer Ritter, zu den Leiningern hielten. Graf Schaffried von Leiningen schrieb am 24. III. 1450 an die Grafen Ludwig und Jacob von Lichtenberg, obschon er wohl wußte, daß der erstere gerade auf einer Wallfahrt nach Rom begriffen war, einen Brief voller Beschwerden über vorenthaltene Geldabträge, Mißhandlung seiner Leute und Beamten durch die lichtenberger Diener, und forderte deßwegen baldige Genugthuung. Am 31. VIII. verübten die von Leiningen die ersten Feindseligkeiten: eine Menge von lichtenbergschen Dörfern wurden verbrannt und ausgeplündert, mehrere derselben erkauften sich mit Geld von der Verheerung los; auch die Gefangenen mußten Lösegeld zahlen. Ebenso thaten die von Lichtenberg ihren Feinden allen möglichen Abbruch. Am 30. X. eroberten sie das Schloß in Marlen, in welches vieles Gut untergebracht worden war. Auch Saarwerden, Schloß und Stadt, nahmen sie um den Martinstag durch einen nächtlichen Ueberfall ein, fingen den dortigen Grafen, der Schaffrieds Schwager war, und führten ihn um Mitternacht auf die Burg Lichtenberg, wo er in Verwahrung gehalten wurde. Sein Schloß in St. Lorentz, bei Diemeringen gelegen, wurde von ihnen

[1] Lehmann, Hanau-Lichtenberg, II. 263 ꝛc., B. Herzog. Chron. V. 43 ꝛc., Eickhart Artzt, Chron. v. Weißenberg, S. 170. Badisches Archiv, von Mone, II. 218 ꝛc.

belagert und am 20. XI. übergeben. Zwei Tage später, als der von Geroldseck eben auf seinem Schloß Schauenburg bei Oberkirch sich aufhielt, wurde dasselbe um Mittagszeit von ihnen erstiegen, der Junker gefangen genommen und große Habe in demselben erbeutet. Am 29. XII. bei eiskalter Witterung, zogen sie vor das in Brumat gelegene, leiningensche Schloß, und belagerten dasselbe mit großer Mannschaft: zwölf Tage lang wurde es mit Geschütz heftig zugesetzt; das es umgebende Wasser wurde abgegraben, und als eben die Belagerer über die zerschossenen Mauern hinaus einen Sturm beginnen wollten, ergab sich an 10. I. 1451 die Besatzung auf Uebereinkunft, und zog frei mit ihrer Habe ab. Nachdem die Eroberer an 350 Karren mit den im Schloß befindlichen Vorräthen an Mehl, Wein, Korn, Büchsen, Pulver, Hausrath u. s. w. beladen und nach dem Gebiet von Lichtenberg abgeschickt hatten, wurde das Gebäude in Brand gesteckt und später nicht wieder aufgebaut; auch ein dem Gegner zugehöriger Wald wurde ausgehauen. Zwar wurden in derselben Zeit zu Heidelberg und zu Baden Versuche gemacht, zwischen den streitenden Theilen die Eintracht wieder herzustellen; die beiden Parteien führten aber jedesmal eine so heftige Sprache, daß an keine Versöhnung zu denken war.

Als von beiden Seiten lange genug im Lande geraubt, gesengt, gebrannt und Blut vergossen worden war, trafen sie endlich am 5. VI. 1451 bei der Stadt Reichshofen auf einander. Die Leininger waren den Lichtenbergern un 200 Mann überlegen und beide Heerhaufen standen einander in voller Wuth und Bitterkeit gegenüber; das Zeichen zum Angriff ertönte, und gleich grimmigen Thieren stürzten sie auf einander los; jeder wollte seinen Gegner an Muth und Mannhaftigkeit überbieten, lange Zeit schwankte das Kriegsglück, allein endlich neigte sich der Sieg vollständig auf die Lichtenberger Seite.

An demselben Tage erhielt der Amtmann zu Wörth von seinem Herrn, Ludwig von Lichtenberg einen Brief, norin ihm befohlen ward, sich sogleich zu dem Markgrafen von Baden zu verfügen, und denselben zu bitten, seinen Wundarzt nach Ingweiler abgehn zu lassen, wo Graf

Jacob von Lützelstein und Peter von Kieschburg gefährlich verwundet lägen. Die beiden Hauptleute, Schaffried und der von Ochsenstein, nebst 71 Edelleuten und 52 reisige Knechte wurden gefangen. Erstern wollte Ludemann von Lichtenberg auf freiem Felde erstechen, wurde aber durch Jacob von Lützelstein, dessen ritterlicher Sinn, trotz seiner vielfachen widerrechtlichen Handlungen, noch nicht ganz abgestorben war, daran verhindert, der auch den gefangenen Schaffried in seine Burg Lützelstein führte, wo er bis zu ihrer Eroberung durch den Pfalzgrafen verblieb. Der von Ochsenstein wurde nach Lichtenberg geführt. Die übrigen Gefangenen gab man auf ihr Wort, sich in einer gegebenen Frist zur Auslösung zu stellen, frei; doch wurden ihnen die Pferde abgenommen; auch mußten sie sämmtlich Waffen und Harnische ablegen. Obgleich über 300 Verwundete gezählt wurden, fanden sich in Allem nur 12 Todte. Nun wurden wieder verschiedene Unterhandlungen gepflogen; aber erst als sich Bischof Ruprecht von Straßburg ins Mittel schlug, kam am 2. III. 1452 in Zabern ein Vergleich zu Stande. Durch denselben verlor, unter Anderm, Schaffried von Leiningen alle Ansprüche auf Stadt und Schloß Brumat, und die in seinem Dienste stehenden gefangenen Adeligen mußten auf ein bestimmtes Ziel die Summe von 14000 Gulden abtragen.[1]

Inzwischen entstanden neue Mißhelligkeiten zwischen dem Pfalzgrafen und den Herren von Lützelstein. Im Jahre 1447 hatte der Herzog von Lothringen den Lützelsteinern unter der Bedingung Frieden gewährt, daß die Feste Lützelstein künftig vom Pfalzgrafen, dem gewisse alte Rechte darauf zustanden, zu Lehen zu tragen sei. In dem darüber errichteten Vertrage hielt sich der Kurfürst noch besonders das Besatzungsrecht vor, auch daß die Lützelsteiner einen Kurfürstlichen Befehlshaber einnehmen sollten. Dieses war letzteren unleidlich, und sie trachteten deßhalb danach, sich von solchem ihnen aufgelegten unangenehmen Joch zu befreien. Noch bei Lebzeiten des Kur-

---

[1] Herzog, V. 2c. Artzt, 233 2c. A. W. Strobel, III. 232 2c. Kremer, Kurfürst Friedrich I. Buch VIII. 15 2c. Lehmann, I. 273.

fürsten Ludwig steckten sie sich hinter die das Pfälzische Glück beneidende Fürsten, und machten solche noch gehässiger, als sie vorher waren. Als die von dem Geschütz stark beschädigte Feste wieder auf's Neue und viel fester als vorher aufgebaut worden war, begehrten die Grafen von dem Kurfürsten, er solle, als Miteigenthümer, auch seinen Theil der Kosten tragen; er aber verweigerte jeden Zuschuß, da sie selbst durch ihr unredliches Handeln diesen Sturm über sich hergezogen hatten. Nun schien den Lützelsteinern sogleich die Galle überzulaufen, indem sie am 24. VI. 1449 des Pfalzgrafen Diener aus der Feste trieben und diese für sich allein behielten. Sie kündigten dem Kurfürsten unterm 26. XI. in einem trotzigen Schreiben den Burgfrieden und alle Gemeinschaft in den Schlössern Lützelstein und Einarzhausen auf, und erklärten öffentlich, daß sie des verstorbenen Kurfürsten Erben ferner gehorsam zu sein, sich nicht mehr verbunden hielten, weil derselbe ihnen Unrecht gethan und den beschworenen Burgfrieden zuerst gebrochen, insbesondere ihr Dorf und Schloß Einhardshausen, mitten im Frieden und ohne alle Ursache, weggenommen, ihren Amtmann vertrieben und ihre Unterthanen an Hab und Gut beschädigt habe ꝛc. Am 29. IX. des folgenden Jahres wurde auf Betreiben des Herzogs von Burgund eine Versammlung dieser Sache wegen in Brüssel gehalten. Als es aber zu keiner Entscheidung kommen konnte, erklärten die von Lützelstein dem Kurfürsten, als Landvogt, am 17. VI. 1451 den Krieg, fielen, durch den Sieg der Schlacht bei Reichshofen hochmüthiger und kühner geworden, mit bewaffneter Hand, 350 Pferde stark, in die dem Reiche zugehörigen Dörfer um Hagenau herum, fingen viele Bauern und richteten große Verwüstungen an mit Rauben und Brennen; so brannten sie am 23. VI. Abends auf einmal 15 Dörfer ab. Auch auf Weißenburg streifte Wilhelm von Lützelstein, am 22. IX. desselben Jahres. Ein weißenburger Bürger, Walther Zeyß, hatte seine Vaterstadt bei dem Fehmgericht in Westphalen verklagt, und als der Spruch zu seinen Gunsten ausgefallen war, glaubte er das Recht zu haben, seine Mitbürger als der Fehme anheimgefallen, überall an Körper und Gut anzugreifen; auch wollte er von einer Schlichtung des Prozesses durch einen der Landesherren nichts hören. Da kam nun am obengenannten Tage der von Lützelstein, mit Walther von Thann und dem von Eberstein, 400 Pferde stark, nebst 70 Schützen mit Armbrust und Handbüchsen, und lagerte sich an den Bach bei Steinseltz. 50 seiner Leute hielten sich in der Nähe der Stadt, um das Vieh, sobald es auf die Weide getrieben würde abzufangen; aber die Stadt war gewarnt worden, und die Hirten fuhren nicht aus. Doch gelang es ihnen an einem andern Orte 44 Stück Rindvieh, das den Fleischern in der Stadt zugehörte, wegzutreiben. Die auf diese Nachricht hin aufgeregten Bürger eilten ihnen nach, doch nur so weit, als es sich thun ließ, um nicht von den auf sie lauernden zahlreichen Feinden überfallen zu werden.

Ein neuer Versuch, den Jacob von Lützelstein machte, um vor dem Markgrafen von Baden den Streit schlichten zu lassen, war ebenfalls vergebens. Unterdessen schlug auch für die Lützelsteiner die Stunde der Vergeltung ihres an dem Pfalzgrafen Ludwig begangenen Unrechts. Dessen Nachfolger Friedrich, ein kluger, kriegskundiger Herr, regierte eigentlich im Namen und als Vogt seines Neffen Philipp, schien sich aber damit nicht begnügen zu wollen, und trachtete selbst nach der Kurwürde. Schon im Jahr 1451 hatte Friedrich die Absicht, vor Lützelstein zu ziehen, wurde jedoch von allerlei Unfrieden mit dem Erzbischof von Mainz, dem Bischof von Speier und andern Fürsten, welchen dessen Herrschsucht mißfiel, davon abgehalten; aber als er im folgenden Jahre wieder freie Hände und sich am 5. I. mit den Reichsstädten Nürnberg, Nördlingen, Rotenburg an der Tauber, Dünckelspiel, Windsheim und Weißenburg am Nordgau, sodann am 20. I. mit dem Herzog Sigmund von Oesterreich, nicht weniger am 23. IV. mit dem Bischof Reinhard von Speier, am 7. V. mit dem Erzbischof Jacob von Trier, verbunden hatte, in den folgenden Monaten ihm überall gehuldigt, auch die Streitigkeit mit Baden am 2. IX. zu Worms behandelt worden war; zog er am 14. IX. 1452 ganz unvermuthet und in eigener Person vor Schloß und Feste Lützelstein. Sein Kriegsheer bestand in 6000 Mann, welche einen auserlesenen Belagerungs-Zug bei sich hatten. Man rühmt die vortreffliche Mannszucht, die es überall beobachtet, und die allgemeine Sicherheit, welche in und um das Lager geherrscht hat, was Friedrich um so mehr Ehre macht, da in den damaligen Zeiten solches ungewöhnlich war Die Belagerung war sehr lebhaft. Friedrich beängstigte die Besatzung, indem er bis zu 200 Schüsse auf das Schloß abfeuern ließ; trotzdem konnte er die Besatzung doch nicht eher als den 10. XI. bezwingen, also erst nach 2 Monate langer Belagerung. Er gestand der Besatzung, die noch 70 Reisige ausmachte, einen freien Abzug mit allen kriegerischen Ehren zu; doch mußten sie sich vorher eidlich verbinden, nicht weiter gegen ihn und die Pfalz zu dienen. Die Belagerten büßten 65 Mann ein, die theils erschossen, theils verwundet waren; die Belagerer aber rechneten ihren Verlust auf 170 Mann. Selbst der Kurfürst hatte das Unglück, daß er bei Anordnung eines Sturmes mit einem Pfeil durch das Schienbein geschossen wurde, welcher Umstand der Besatzung zu dem vorbemerkten Uebergabe-Vergleich Veranlassung gab, und vielleicht auch dem ältern Lützelsteiner Grafen Jacob, der die Feste selbst vertheidigte, die Gelegenheit bot, in der Nacht vor der Uebergabe, als die äußeren Bollwerke erobert waren, durch einen heimlichen unterirdischen Felsengang mitten durch das Pfälzische Kriegs-Heer glücklich zu entkommen. Der Kurfürst hatte dabei die Freude, seinen Diener, den Grafen Schaffried von Leiningen, durch diese Eroberung in Freiheit zu setzen, welcher noch daselbst im Kerker eines Thurmes gefangen gehalten worden war, obschon er sich gleich zu dem harten Vertrag verstanden hatte, den der Bischof Ruprecht von Straßburg, ein geborner Pfalzgraf, schon am 3. III. dieses Jahres vermittelte. Am andern Tag machte der Kurfürst Anstalten zur Belagerung des Schlosses Einarzhausen, wohin er schon am 12. XI. abzog. Allein die Besatzung dieses Schlosses ergab sich, ehe ein förmlicher Angriff stattfand. Friedrich war also nun Meister von der ganzen Grafschaft Lützelstein; er nahm sie in Besitz und vereinigte sie seinem Gebiet. Die früheren Besitzer, bezw. die Lützelsteiner Familie erhielten sie niemals zurück, obgleich diese sich mehrmals darum bemühten, auch wegen ihrer Wiedereinsetzung verschiedene Herrscherversammlungen stattgefunden hatten.[1] Die Herrschaft Aßweiler, als ein Zubehör der Grafschaft Lützelstein, theilte das Loos dieser und fiel an das pfälzische Haus, welches sie den Edlen von Dalheim zu Lehen übertrug.[2]

Graf Jacob von Lützelstein lebte in der Verbannung in Frankreich und starb 1456.

Graf Wilhelm von Lützelstein zog zu seinen Vettern, den Herren von Lichtenberg. Als aber Uneinigkeiten zwischen Kurfürst Friedrich I. von der Pfalz und dem Herzog Ludwig von Zweibrücken-Veldenz entstanden, nahm er aus Rachlust Dienste bei letzterem. Am 4. VII. 1455 kündigte der Kurfürst dem Herzog den Krieg an, und bald hierauf hatte er ihm schon 20 Dorfschaften verbrannt, auch die Stadt Bergzabern erobert. Die Leute des Herzogs, unter dem Befehle des Grafen Wilhelm von Lützelstein, errangen dagegen am 19. IX. einen Vortheil über die von Kaiserslautern, die dem Kurfürsten anhingen; endlich wurde am 3. X. in Worms Friede geschlossen.[3]

Im Jahre 1454 wurden in Folge Vergleichs die Lichtenberger und Lützelsteiner durch Herrn Georg von Ochsenstein in Stadt Mauersmünster ꝛc. eingesetzt.[4]

Im Jahre 1456 übergab Graf Wilhelm von Lützelstein, nach seines Bruders Ableben, seinem Lichtenberger Vetter Ludwig dasjenige, was ihm in der durch den Bischof von Straßburg i. J. 1452 vermittelten Rachtung aus dem Verzichte des Schaffrieds von Leiningen, sowie aus der Urfehde des Georg von Ochsenstein, zu Oberbronn, Offweiler und Zintzweiler zugefallen war; zugleich erklärte derselbe, daß wenn Junker Jacob von Lichtenberg wegen der durch den Verzicht der Ochsensteiner an ihn gekommenen Theile zu Pfaffenhofen mit ihm keine Uebereinkunft treffen würde, er ebenfalls diese Ludwig V. überlasse.

---

[1] Kremer, Gesch. Friedr. I. v. d. Pfalz, 1 B. VI.—XX. 12—51. Artzt, Chron. v. Weißenburg, S. 153, 237 ꝛc. B. Herzog, Chron. V. 23 ꝛc. A. W. Strobel, III. 229 ꝛc.

[2] Fischer, Aßweiler, S. 7.

[3] Artzt, Chronik, S. 154 ꝛc.

[4] Lehmann, I. 293.

Auch stellte in demselben Jahre der Prior und sein Convent zu St. Margenthal (Marienthal), vom Orden des heiligen Wilhelm, diesem Junker die feierliche Erklärung aus: sie hätten die ihnen von demselben ertheilte Erlaubniß, ihr Vieh 10 Jahre lang auf die Mittelhart zur Weide treiben zu dürfen, nicht als ein ihnen zustehendes Recht, sondern nur als eine Vergünstigung oder Gnade bekommen, die sie mit ihrem Gebete zu Gott und zur Himmelskönigin Maria wieder zu verdienen begehrten.[1]

Graf Wilhelm starb i. J. 1460 und damit war der Lützelsteiner Mannsstamm entlaubt und verdorrt!

Graf Wilhelms Schwester Sohn, Pilibert Friedrich de la Palu, welcher von seinem Oheim die Herrschaft Gerolseck geerbt, machte zwar nach Wilhelms Tode auf die Grafschaft Lützelstein Ansprüche; allein Kurfürst Friedrich behauptete seine Eroberung, und empfing i. J. 1462 über drei Theile an der Feste Lützelstein mit Zubehör, Herrschaften, Mannschaften, Dörfern, Leuten 2c. von dem Bisthum Straßburg die Belehnung.[2]

Nach dem Tode von Pilibert Friedrich fielen die Schlösser Groß- und Klein-Gerolseck mit der Stadt, Burg und Vorstadt Mauersmünster, dessem Sohne, dem burgundischen Grafen Claudius zum Felsen, Herrn in Varanbon, zu. Diesem Herrn waren diese Besitzungen aber zu sehr entlegen, als daß er sie gehörig hätte besorgen können; überdieß waren die beiden Schlösser nebst der Stadt im Jahre 1471 von dem Pfalzgrafen Friedrich, als Landvogt, und dem Herzog von Lothringen belagert und nach der Einnahme geschleift worden, weil sie räuberischen Leuten zum Schlupfwinkel gedient, die besonders des letzteren Fürsten Gebiet fortdauernd beunruhigt hatten. Darum trat Graf Claudius im Jahre 1485 seinen Antheil den beiden Herren Wilhelm und Smasmann von Rappoltstein ab; den Antheil, den die von Ochsenstein daran gehabt hatten, erhielt ersterer im Jahre 1487 als Lehen von Bischof Heinrich von Metz.[3]

---

[1] Lehmann, Lichtenberg, II. 302.

[2] Kremer, Gesch. Fried. I. S. 51. Schöpflin 1. c. p. 197. § 357.

[3] Schöpflin, Als. ill. II. 213. Als. dipl. II. 423. 426.

Auf beistehender Tafel ist die Geschlechtsfolge der Herren von Lünneville und von Lützelstein nach Schöpflin und Crollius übersichtlich dargestellt. (Siehe Tafel.)

Die Grafschaft Lützelstein verblieb Eigenthum der verschiedenen pfalzgräflichen Linien bis zur ersten französischen Revolution von 1789. Von Kurfürst Friedrich I. kam dieselbe auf seinen Nachfolger Kurfürsten Philipp. Diesem wurde sie zwar in der Baiernschen Fehde von Kaiser Maximilian I. i. J. 1504 abgenommen, aber seinem Sohne Kurfürsten Ludwig V. am 5. III. 1531 von dem Erzherzog Ferdinand wieder zugestellt, wenigstens hat i. J. 1544 Georg von Fleckenstein, Namens des Kurfürsten Ludwig V. und seines Bruders Friedrich II. von Bitsch, die Belehnung über 3/4 von Lützelstein vom Bischof Erasmo von Straßburg empfangen. In dem Erbvertrage zu Heidelberg am 2. XI. 1553 wurde sie, wenn die Simmersche Linie zur Kurwürde kommen sollte, der Zweibrückschen Linie, und in dieser wieder den beiden Pfalzgrafen, Wolfgang von Zweibrücken und Georg Johann von Veldenz (Waldenz) zugesprochen. Diese nahmen auch, als Kurfürst Otto Heinrich am 12. II. 1559 die alte Kurlinie beschlossen hatte, davon Besitz und theilten durch den Vertrag zu Augsburg am 27. V. 1566 ihre Erbschaft unter sich dergestalt, daß Lützelstein dem Herzog Georg Johann von Veldenz zufiel. Der letzte dieser Veldenz'schen Linie, Herzog Leopold Ludwig, welcher i. J. 1694 starb, hatte Lützelstein dem König Karl XI. von Schweden, Pfalzgrafen von Zweibrücken, im Testamente vermacht. Jetzt wollte der Straßburger Lehenhof die Grafschaft als ein heimgefallenes Lehen einziehen, und hatte wirklich davon Besitz genommen. Es waren aber Verwandte und Erben vorhanden, und durch Urtheil des Staatsraths zu Paris wurde die Grafschaft am 24. IX. 1695 dem Pfalzgrafen Christian II. von Birkenfeld zugesprochen. In Folge des über die Pfalz-Veldenz- und Zweibrücksche Erbfolge zu Mannheim am 24. XII. 1733 errichteten Vertrages erhielt, nach Ableben des kinderlosen Herzogs Gustav Samuel von Zweibrücken, der Pfalzgraf Christian III. von Bir-

Folmar I., von Lüneville, Graf im obern Sargau und Bliesgau, 98

Folmar II., 994—1030, stiftet

Godfried, Graf und Vogt der Abtei zu Lüneville 1034 lebt noch nach 1051.
Gem. Judith.
Godfried, Graf im Bliesgau zu Blieskastel 1087.

Hermann, Graf 10

Rudolf, Graf zu 1093 ꝛc.

Godfried II., Graf zu Blieskastel 1106-1127.
Gem. Mathild von Longwy.
Gr. Conrads v. Luxenb. Tochter.

Folmar V., Gr. zu in diesem Jahr die
Gem Mathild.

Folmar I., Gr. zu Blieskastel 1135—1172

Clementia, Erbin von Lüneville.

Agnes, 1135.

Heinrich, Bischof zu Verdun ꝛc. 1180 entsetzt 1186 ꝛc.

Folmar II., Graf zu Blieskastel † vor 1223. Gem. Jutta v. Sarbr.

Hugo I., Herr von L Lützelstein,
Gem. Cunigund von D und einer Gräfin von

Folmar von Riste, Herr zu Lüneville 1212—1228 ꝛc.

Hugo II. von Lüneville, G
Gem. Joatta, Tochter Phil

Hugo III., 1243. Graf zu Lützelstein 1267—1274 ꝛc.
Gem. Elisabeth von Sarbrücken.

Susanna, Gem. Wilhelm Bossel, Herr v. Stein 1271.

Julia, Gem. Eberhard, Herr von Ettendorf 1271.

Cunigund, Gem. Heinrich, Herr von Plawen 1271.

Nicolaus 1299. G

Volmar, Graf zu Lützelstein 1328, empfängt von dem Stift Metz das Amt

Walpurg, Gem. Friedrich Herr v. Geroldseck im Wassichen.

Volmar, Herr von Geroldseck † 1390.

Heinrich, Graf, trägt einen Theil seines Eigenthums dem Reich zu Lehen auf 1382, wird Herr zu Geroldseck im Wassichen 1391 † 1394.
Gem. 1) Henriette von Barr 1373, 1379.
2) Margaretha, Margr. Friedrichs v. Baden Tochter, und Graf Schaffrids von Leiningen Wittib.

Bu Bi des mä Ge kir von

Elisabeth, Gem. Johann, Graf zu Leiningen-Rixingen 1385.

Friedrich, Graf, † 1403 ohne Erben.

Jacc graf verj Gem Blan

Pilibert Friedr

Folgt von wegen der Mutter in der Herrschaft Geroldseck, welche se r todt 996. Gem. Bertha, Wittwe 996. Stephan, Bischof zu Tull 994.

btei S. Remy zu Lüneville 1030.

Folmar III., von Lüneville, Graf von Metz 1054 († vor 1094).
Gem. Spanehild.

Folmar IV., Graf zu Metz † ums Jahr 1100. | Godfried, Graf im Nordgau 1097—1120.

---

s 1100-1135, stiftet
y Beaupre. | Hugo I., Graf von Dachsburg † 1123. | Theodorich, Landgraf 1129-1150.

Adelheid, 1135. | Folmar VI., 1135 † unbeerbt. | Hugo II., Gr. zu Metz und Dachsburg.

---

ille 1169—1212 residirt zu

Tochter Wildgraf Conrads I.
c.

Albrecht, Graf zu Metz und Dachsburg 2c.

Lützelstein 1216—1246.
Herrn von Gerbeviller. | Conrad, Herr von Riste, 1226—1230.

Philipp, Herr v. Gerbeviller. 1243—1282. | Friedrich 1243.

Hugo IV., Graf zu Lützelstein 1299. | Emich, 1271. | Simon, 1271—1276. | Mathild, Gem. Heinrich, Herr von Fleckenstein.

---

zu Lützelstein 1316. | Philipp 1299.

---

urg als eine Pfandschaft 1346. † nach 1367. Gem. Adelheit v. Finstingen.

---

rd, Domprobst zu Straßburg, wird
daselbst 1390, dankt ab 1394, folgt
uders Sohn in der Grafschaft und ver=
ich, † 1418.
1) Agatha von Hohenfels zu Reipolz=
† 15. Apr. 1415. 2) Anna, Herrin
ler 1415, † 1418.

Folmar, Dechant zu Straßburg 1397.

Margaretha, Aebtissin zu Erstein 1404.

Graf, wird v. Pfalz=
edr. d. Siegreichen
452. † im Exil 1456
alpurg, Frau von

Wilhelm, Graf, wird mit dem Bruder verjagt † 1460. der letzte seines Geschlechts.

Johanna, Gem. Franz de la Palu, Graf de la Roche, Herr zu Varembon 1432. † vor 1456.

---

e la Palu 2c.
Sohn Claudius 1485 an Wilhelm Herrn von Rappoltstein verkauft.

kenfeld die Erblande dieser Linie, und nahm bald darauf den Namen eines Herzogs von Zweibrücken an.[1]

Wir wollen nun noch einige Begebenheiten Lützelsteins aus der pfalzgräflichen Zeit hervorheben.

Die Herren von Lichtenberg fühlten schon i. J. 1454 die allmählich zunehmende Ueberlegenheit des hochanstrebenden Kurfürsten Friedrich I. von der Pfalz und boten deswegen alles auf, sich mit demselben zu befreunden; allein die pfälz'schen Räthe lehnten solches mit der Erklärung ab: die Lichtenberger hätten in dem letzten Kriege gegen die Lützelsteiner es mit denselben gehalten, sie in ihre Burgen aufgenommen und auf alle Weise unterstützt ꝛc. Im Jahre 1462 ließ jedoch der Kurfürst aus eignem Antriebe allen Unwillen gegen Ludwig V., Herrn zu Lichtenberg, plötzlich schwinden, nahm denselben, sowie seine Länder und Leute auf Lebenszeit in seinen Schirm ꝛc., machte auch den Vorschlag, ihre bisherige Irrung und Zwietracht über die Wildbahnen in den zwischen Lützelstein und Lichtenberg gelegenen Waldungen durch einen gütlichen Austrag beseitigen zu lassen. Im Jahre 1529 wurde sogar wegen des Hagens und Jagens im kurpfälzischen Amte Lützelstein ein Vertrag zwischen dem pfälzer Kurfürsten Ludwig VI. und dem Grafen Reinhard zu Bitsch und Philipp III. von Hanau errichtet.[2]

Die Pfalzgrafen widmeten der Verwaltung der Grafschaft Lützelstein besondere Sorgfalt. Gleich wie die Gerichtshöfe ihre Bestimmung hatten, für Unrecht und Schaden eine hinlängliche Genugthuung zu verschaffen, ebenso beschäftigte die Polizei sich damit, den Unterthanen vor Schaden zu bewahren. In dieser Absicht sorgte schon Friedrich I. für Sicherheit, zerstörte die schädlichen Raubschlösser und machte sich überhaupt ein Geschäft daraus,

---

[1] Schöpflin, l. c. 575, § 265. Folner. Cod. Dipl. Palat. p. 172. — Colini, Hist. du Palatinat du Rhin, p. 175. Johannes in Misc. Hist. Palat. p. 39. Struv. in formullo Successionis Serenissima domus Palatina. Sect. 3. § 12. p. 262. Kremer, Friedrich I. v. d. Pfalz p. 51. Billing, Geschichte des Elsasses, S. 220 ꝛc.

[2] Lehmann, I. 294. 320. II. 455. — Karlsruher pfälzer Copialb. N. 27. F. 452.

den öffentlichen Landfrieden aufrecht zu erhalten. Selbst die Einigungen gingen auf diesen Endzweck. Sie versicherten den Unterthanen vor eigenmächtigen Bekümmernissen, und sprachen demjenigen allen Schirm und Geleit ab, welcher jemand auf öffentlicher Straße angegriffen, beschädigt, oder gar getödtet hatte. Die Beförderung des Handels und Wandels war den Pfalzgrafen eine besondere Angelegenheit. Doch litten sie keine Juden. Dieses war ein Gesetz, welches sie bei Antritt ihrer Regierung sogar beschwören mußten. Um auch die Verwaltung in Glanz zu stellen, ernannte Kurfürst Philipp von der Pfalz i. J. 1481 den Grafen Heinrich II. zu Bitsch zum Amtmann oder Burgvogt in Schloß und Stadt Lützelstein, mit dem Auftrage, diese und die dazu gehörige Grafschaft nach bestem Vermögen zu behüten und zu bewahren.[1]

---

[1] Seine Obliegenheiten bestanden in Folgendem: er solle vor allem fromm und ehrbare Knechte, Reisige, Wächter, Pförtner und Thorknechte halten, dieselben genau anweisen und beaufsichtigen, damit sie ihre Schuldigkeit treu und gewissenhaft ausrichten, indem dem Fürsten an jenem Schlosse sehr viel gelegen sei; ferner müsse er sämmtliche Amts-Eingesessene als Vogt beschirmen und richten, dabei alle „Herrlichkeiten" oder herrschaftlichen Rechte, als Gericht, Geleit, Wildbahnen, Zölle u. dgl. handhaben, auch auf Jagen und Hauen in den Waldungen, sowie auf die Weiher und Fischereien besonderen Bedacht nehmen und dies alles durch den dasigen herrschaftlichen Kellner ausrichten und vollbringen lassen; zudem dürfe er keinen Krieg in oder aus Lützelstein anfangen, brauche er aber Hülfe, so möge er den Landvogt im Elsasse darum ansprechen, und endlich wurde ihm noch eingeschärft, in gerichtlichen Fällen, die er von Amtswegen austragen oder richten müsse, keinerlei „schenck, gabe vnd myete" zu nehmen, noch von seinetwegen nehmen zu lassen, es sei denn, daß ihm „ein hune, ein gans, ein wiltprecht vnd deßglich oder wine In Stetten nach ir gewohnheit" gebracht und gegeben würde, solche Gegenstände dürfe er annehmen. Dagegen solle er den Sitz im Schlosse haben und zum ausschließlichen Dienste für dasselbe sechs Personen, „die dem Slos gewarten" halten, nämlich vier redliche Hausknechte, die Nachts im Schlosse wachen, am Tage darin hüten und andere nöthige Dienste verrichten müßten, wozu er sie bescheide, dann noch einen Jäger und einen Waldknecht, die die Wälder und Wildbahnen hüten, auch am Tage jagen, des Nachts aber im Schlosse liegen und ebenfalls zu dessen Behütung verwendet werden sollen, der Jäger dürfe aber nur zwölf Hunde, nämlich 8 Jagd- und 4 Hetzhunde halten, die auf des Fürsten Kosten ernährt würden, allein jenen sechs Knechten müsse der Amtmann Kost und

Als Herzog Georg der Reiche i. J. 1503 verstarb, erhob sich zwischen den baiernschen Fürsten große Zwistigkeit. Er hatte den Pfalzgrafen Ruprecht, Landvogt im Elsaß, zum Erben seiner Gebiete eingesetzt, die diesem aber durch die rechtmäßigen Erben, die Herzoge Albrecht und Wolfgang von Oberbaiern, streitig gemacht wurden. Als der Kaiser im darauf folgenden Jahre gegen den Landvogt sich erklärte, wollte dieser sich nicht fügen. In Folge dessen sprach Maximilian die Acht über ihn aus, und ließ in fünf Monaten vier Heere in die pfälzischen Gebiete einrücken. Der Pfalzgraf hatte sich bloß darauf beschränken können, die festen Plätze mit Besatzung zu versehen. Maximilian kam hierauf in das Elsaß, wo ihm Hagenau die Thore öffnete, und Lützelstein und Weißenburg sich sogleich an ihn ergaben. Noch zauderten einige Städte, aus Furcht sich einer künftigen Rache des Pfalzgrafen auszusetzen; zuletzt gaben sie jedoch der dringenden Aufforderung des Kaisers nach, der ihnen zu gleicher Zeit schriftlich die Versicherung gab, daß sie bei ihren Rechten gelassen und von ihm beschirmt werden sollten. Lützelstein erhielt kaiserliche Besatzung bis zum Frieden, der aber

---

Lohn reichen. Für solche Dienste und Auslagen wurden demselben angewiesen: die Hälfte des erlegten Wildprets, die andere Hälfte müsse jedoch dem Herrn entweder nach Bischweiler oder nach Hagenau geliefert werden; ferner solle er jedes Jahr erhalten 130 Gulden, fünf Fuder Wein zu Windeberg und die Hühner, die jährlich aus dem Amte geliefert werden müssen, auch dürfe er die an dem Berge bei Lützelstein gelegenen Aecker, Matten, Gärten „oder anders" bauen und genießen, und zudem ward ihm für jedes Jahr ein Hofkleid zugesichert und er könne zugleich die Frohnden im Amte benutzen, allein er dürfe die „armen lute damit nit vbertringen". Alle übrigen Renten, Gülten und Gefälle in seinem Amtsbezirke müsse der herrschaftliche Kellner erheben und seinem Fürsten verrechnen, der auch den übrigen zwölf Knechten, die zu Lützelstein „furrechts bestelt sin", für Kost und Lohn folgendes verabreichen müsse: dem Zollerheber und dem äußersten Pförtner jedem jährlich 9 Pfund Pfennige, dem innersten Pförtner am Stadtthore, dem Thurm- und zwei Wächterknechten jedem $7^1/_2$ Pfund, den 2 Zwingerwächtern jedem 4 Pfund und den 4 Wächtern in der Stadt jedem $1^1/_2$ Pfund Pfennige; (der geben ist zu Bischwyre vff Dinstag nach sant Johans baptisten geburt tag Anno dni 1481 mo.); seitdem führte der Graf den Titel: Graf von Zweybrücken, Herr zu Bitsch und Ochsenstein, Amtmann zu Lützelstein.

schon im Jahre 1505 erfolgte.[1] Diese s. g. bairische Fehde fügte dem Kurhause Pfalz unermeßlichen Schaden zu.

Als die religiöse Bewegung sich immer mehr in Deutschland verbreitete, erklärte sich auch Ritter Franz von Sickingen für dieselbe, und öffnete seine Burgen den Anhängern der Reform. Z. B. brachte Butzer ein Jahr auf dessen Burg Landstuhl zu. Auch faßte sein zu kühnen Unternehmungen sich leicht hinneigender Geist den weitaussehenden, aber im Grunde nicht zweckdienlichen Gedanken, die neue Kirchengemeinschaft mit Gewalt zu verbreiten, und dies vermittelst eines zwischen den Landesherren und Städten in dieser Absicht geschlossenen Bündnisses. In Landau kam im Jahre 1522 die Sache zur Sprache, als sich dort mehrere Adelige, welche Burglehen in der Stadt besaßen und Ganerben in Drachenfels waren, die Ritter Schnidelauch, Stein, Zeiskam, u. a. m., versammelt hatten, um ihre gemeinschaftlichen Angelegenheiten zu besprechen. Der Bund wurde unter dem Adel auf sechs Jahre hinaus geschlossen und Ritter Franz als Haupt desselben erwählt. Wie bekannt sammelte er hierauf eine zahlreiche Mannschaft, und da man allgemein glaubte, er wolle dem Kaiser Truppen zuführen, zogen aus dem Elsaß, und namentlich auch aus Straßburg, nicht Wenige unter seine Fahnen; es war aber auf den Kurfürsten von Trier abgesehen, dessen Gebiet er auch verheerend heimsuchte, bis der Kurfürst von der Pfalz und der Landgraf von Hessen dem Prälaten zu Hilfe kamen und Sickingen sich zurückziehen mußte. Um sich an dem pfälzischen Fürsten zu rächen, unternahm er nun einen Zug in das Elsaß, um demselben einer seiner Besitzungen wegzunehmen. In der Stille der Nacht am 1. XI. näherten sich Sickingens Leute der Feste Lützelstein und legten die Leitern an, um dieselbe zu erklimmen. Während schon einige an der Mauer hinaufstiegen, kommt dem Hauptmann der Besatzung unwillkürlich der Gedanke, in derselben Nacht sei früher einmal der Versuch gemacht worden, die Feste zu ersteigen. Von einer geheimen Ahnung angeregt, geht er hinaus, um die Runde zu machen, und hört ein verdächtiges Geräusch. Sogleich

[1] Nullitas iniq. reunionis alsat., 1708. IV. 16.

ruft er zu den Waffen. Der Besatzung kommen noch die Bürger des Städtchens zu Hilfe, und die Angreifenden werden genöthigt, sich zurückzuziehen. Nachdem Sickingen in Landstuhl sein Leben geendigt hatte, zogen die Fürsten in das Elsaß, und verheerten die Burgen des Verstorbenen, sowie die seiner Anhänger.[1]

Während der kirchlichen Vorgänge i. J. 1544 übergab Graf Philipp IV. von Hanau tauschweise dem pfälzer Kurfürsten Friedrich II. die zwei Dörfer Lohr (Lare) und Hambach gegen das Hofgut zu Schalkendorf ꝛc.[2]

Pfalzgraf Johann von Veldenz gewährte auf die Bitte seines Vasallen, Heinrich von Steincallenfels zu Aßweiler, am Pfingstabend 1580 der Gemeinde Aßweiler das Recht, ihre Rinder und Schweine in den Struther Wald zu treiben, und zwar gegen Zahlung von 164 Gulden

---

[1] A. W. Strobel, IV. 9. Schöpflin, Als. ill. II. 197, auch poetisch behandelt von Ehrenfr. Stöber, 1. 42 ꝛc.

[2] Das Stift Neuweiler bezog den Zehnten zu Lohr, einem damals zur Herrschaft Lichtenberg gehörigen Dorfe, und besaß daselbst einen Hof nebst einem Gute, welches von dem Kämmerer der Abtei verwaltet und deswegen das Kammergut genannt wurde. Die Herrschaft Lichtenberg hatte das Recht „in die Meyerei und Kellerei des Dorfs zu Lohr alle Fronvasten einen Jäger und einen Knecht mit einem leytthundt und zwölff Jagdhunden zu schicken“, und dieselben mußte der Kämmerer des Klosters während vierzehn Tage „mit essen und trinken und hundtaß“ unterhalten. Von den Lichtenbergern gelangte dies Recht nebst dem Dorfe an die Dynasten von Finstingen. Im Jahre 1441, am 7. November, übergaben der Abt und Convent in Neuweiler den Finstingern, als Entschädigung für den Atz, den sie in dem Hofe dieses Klosters zu Lohr zu genießen hatten, eine jährliche Abgabe von zwölf Vierteln Roggen. Ungeachtet dieser Uebereinkunft entstanden Mißhelligkeiten zwischen dem Stifte und dem Grafen Johann von Mörs-Saarwerden, welchem die Atz zu Lohr zugefallen war. Der streitige Punkt wurde zur Entscheidung dem Straßburger Oberhirten Wilhelm von Honstein heimgestellt, und durch dessen am Mittwoch nach Sonntag Oculi 1507 gefällten Urtheil verblieb es bei der 1441 getroffenen Bestimmung. (Archiv des Unter-Elsaß, G. 5417)

Nach dem im Beginne des zweiten Quartals des XVI. Jahrhundertes erfolgten Erlöschen des männlichen Namens der Grafen von Mörs-Saarwerden fiel das Dorf Lohr an das Nassau-Saarbrückische Haus, von welchem Graf Philipp IV. von Hanau und Graf Jakob zu Bitsch, als Erben der Lichtenberger, dasselbe wieder an sich lösten. (Lehmann, Bd. 2, S. 463.)

und mit dem Bedinge, daß die Einwohner von Aßweiler dieses Weiderecht genießen sollten, wie die benachbarten Ortschaften es genießen.[1]

Im Jahre 1583 verkaufte Georg Johann, Pfalzgraf zu Veldenz und Besitzer der Grafschaft Lützelstein, das nachherige Fürstenthum Pfalzburg an Karl, Herzog von Lothringen.[2]

Im Jahre 1587 wurde das Unter-Elsaß auf's Neue der Sammelplatz eines ansehnlichen Heeres für die Unterstützung der reformirten Sache in Frankreich. Ein Theil der Leute des Herzogs von Bouillon von Lothringen verjagte 500 Mann Besatzung aus Pfalzburg und bemeisterte sich somit eines Passes über die Vogesen; die Uebrigen zogen bei Lützelstein über Neuweiler in's Land hinein.[3]

Als im 30jährigen Kriege, zufolge des zwischen Frankreich und Schweden vom Minister von Richelieu klug berechneten Bündnisses, ein bedeutendes französisches Kriegsheer aus Lothringen gegen das Elsaß durch den Lützelsteiner Vogesenpaß vorrückte und in dem Städtchen während der Unterhandlung mit der Stadt Straßburg Stand faßte, starb am 27. VII. 1632 in Lützelstein der anführende Feldherr, Marschall von Effiat.[4] Die Truppen

---

[1] Archiv d. Unter-Elsaßes, E. 266. — Fischer, Aßweiler, 11.

[2] Das Fürstenthum Pfalzburg bestand aus einigen Gemeinden, die vormals zur Grafschaft Lützelstein gehörten. Durch Schenkung des Herzogs Heinrich von Lothringen kam diese Besitzung im 17. Jahrhundert an Ludwig von Guise, unter dem Titel eines Fürsten, und endlich, durch die in den Jahren 1661 und 1718 gemachten Verträge, an Frankreich. (Belling, S. 222.)

Der Hauptort ist:

Pfalzburg, eine Stadt auf dem Platze, wo vormals das Schloß und Dorf Einarzhausen gestanden hat. Sie ist 1570 von Georg Johann, Pfalzgrafen zu Veldenz, erbauet worden; Herzog Karl von Lothringen hat solchen Bau fortgesetzt und König Ludwig XIV. die Stadt regelmäßig befestigen lassen.

Das Schloß Lützelburg zwischen Dachsburg und Pfalzburg, ist 1523 in der Sickingischen Fehde verwüstet, und nachher zugleich mit Pfalzburg verkauft worden.

Außerdem gehörten dazu die Dörfer Haselburg, Hiltenhausen, Wilsberg und Mittelbrunn, welche im Jahre 1382 mit Einhardshausen (Pfalzburg) an Lützelstein gefallen waren.

[3] A. W. Strobel, IV. 181.

[4] Michaud, 2. S. VIII. Th. 394 ꝛc.

zogen alsdann unter Herrn de la Suse über Weißenburg und Landau vor Trier.

Im Anfange des Monats Juli 1633 sammelte der Herzog von Lothringen 8000 Mann, obgleich er Parteilosigkeit zu beobachten erklärt hatte. Sein Plan jedoch, sich mit bewaffneter Hand in den Gang der Dinge im Elsaß einzumischen, konnte nicht lange geheim bleiben, und bei den schwedischen Obern stand bald die Ansicht fest, daß die Lothringer zum Entsatz von Hagenau herbeikämen. Kaum zeigte sich daher ein lothringisches Heer bei Petersbach, unweit Lützelstein, als es von einer schwedischen Abtheilung unter Führung des Fürsten von Birkenfeld, angegriffen und fast gänzlich aufgerieben wurde; gleichzeitig fanden noch mehrere ähnliche Scharmützel statt.[1]

Pfalzgraf Georg Johann II. von Veldenz verkaufte am 25. VII. 1648 an seinen Vasallen zu Aßweiler, Herrn Johann Heinrich von Steincallenfels, den in der Gemarkung von Struth gelegenen Hausmannshof mit allen seinem Zugehör und Rechten für eine gewisse Anzahl Schafe, die er zur Wiederbevölkerung seiner durch den Krieg sehr in Abgang gekommenen Herden bestimmte.

Als die lothringener Völker, in Verbindung mit einem spanischen Heerhaufen, nach dem Frieden noch fortdauernd gegen Frankreich unter den Waffen blieben, wurden auf Beschluß der Stände des Unter-Elsasses v. 7. XI. 1652 zur Sicherheit 150 Reiter und 300 Fußstreiter nach Lützelstein, Wörth, Zabern und Molsheim vertheilt, mit der Weisung, im Fall der Noth sich gegenseitig Hilfe zu leisten.[2]

Ein Kriegsauftritt, der ganz an die harten Zeiten des Faustrechts erinnert, fand im Frühjahr 1669 in Oberbronn statt. Pfalzgraf Adolph Johann, Bruder des Königs Karl Gustav von Schweden, hatte 4 Jahre vorher von dem Grafen Philipp von Leiningen die Grafschaft Rixingen und die Herrschaft Mörsberg erkauft, aber mit der Abzahlung von 3/4 des Erstandpreises zurückgehalten. Graf Philipp war unterdessen verstorben. Die Gläubiger drangen mit Nachdruck auf die Zahlung. Dieses beleidigte

---

[1] A. W. Strobel, IV. 353.
[2] A. W. Strobel, V. 7.

den Stolz des Pfalzgrafen, und er ließ sich zu einer Handlung hinreißen, die allem Recht und aller Ehre zuwider war, indem er das leiningensche Schloß in Oberbronn auf schauderhafte Art überrumpelte und plünderte.[1]

Die sich immer mehr verwickelnden Umstände führten im Jahre 1673 den Aufbruch des Turenneschen Heeres herbei. Zwischen dem Kurfürsten der Pfalz und der französischen Regierung war i. J. 1674 ein förmlicher Bruch entstanden. Obgleich sich jener bis dahin von aller thätigen Theilnahme an den zwischen den beiden Reichen obwaltenden Mißhelligkeiten fern und völlig parteilos gehalten hatte, so war dennoch sein Gebiet von den durchziehenden französischen Völkern so hart mitgenommen worden, daß er sich an den Kaiser wandte, und ihn um Hilfe anrief. Als die Vorschläge, welche ihm Frankreich zur Wiederherstellung der vorigen Verhältnisse thun ließ, keinen Eingang bei ihm fanden, wurden seine Länder feindselig angegriffen, namentlich litten Selz und die Stadt Germersheim. Der kriegskundige Türenne erkannte die Wichtigkeit der Lage von Lützelstein zur Vertheidigung dieses Vogesenpasses, belagerte deshalb die Feste, aber trotzdem er auf den umliegenden Berghöhen Schanzen errichtete, deren Ueberbleibsel noch bemerkbar sind, zog er ohne Erfolg wieder ab. Nachdem i. J. 1677 die Kaiserlichen wieder in's Elsaß eingefallen waren, faßten sie den Plan sich im Spätjahr der Feste Lützelstein zu bemächtigen, mußten aber bald darauf wieder über den Rhein zurückweichen. Durch die Friedensschlüsse von Nimwegen (1678) und Ryßwik (1697) blieb das Elsaß schließlich in französischen Händen. Die Besetzung der pfälzischen Gebiete Selz, Germershausen rc. führten noch i. Jahre 1680 zwischen der Kurpfalz und der französischen Regierung zu Verhandlungen, die damit geschlichtet wurden, daß i. J. 1682 der Kurfürst die Vorschläge Frankreichs annahm, auch überdies von Ludwig XIV. eine Entschädigung von 600000 Fr. und ein jährliches Gehalt von 200000 Fr. erhielt.

Am 24. VI. 1680 wurde die Kirche von Lützelstein durch den Bischof von Metz in Besitz genommen; doch

[1] A. W. Strobel, V. 28.

überließ er einen Theil derselben, der durch eine Scheidewand abgetrennt ward, den vorigen Besitzern zu ihrem Gebrauch.[1]

Die erlittenen Kriegsdrangsale hatten die Grafschaft in eine Einöde verwandelt. Um die ausgewanderten Familien, sowie Fremde in das von Bewohnern entblößte Land heranzuziehen, wurden den Einwanderern mancherlei Vergünstigungen zu Theil.[2] Bezüglich der Waldnutzungen kam es jedoch zu solchen Ausschreitungen, daß Pfalzgraf Leopold Ludwig am 17. II. 1658 eine Waldordnung erließ.[3] Dieselbe bestätigte Pfalzgraf Christian zu Birken-

---

[1] Theatr. Europ. XII. 240.

[2] Für das Elsaß wurde im November 1662 Folgendes verordnet: Wer, aus dem Lande gebürtig, in dasselbe zurückkehrt, muß sich vor eigens dazu ernannte Commissarien stellen, und seine Eigenthumsrechte geltend machen, und zwar innerhalb dreier Monate, weil nach dieser Frist kein Anspruch dieser Art ferner als giltig mehr anerkannt werden wird. Diejenigen Grundstücke, welche Niemand zurückbegehrt, werden unter die Einwanderer, Fremde oder Einheimische, nach Maßgabe ihrer Familien und der Fähigkeit zur Urbarmachung der verödeten Felder, ausgetheilt, gegen Erlegung eines mäßigen Herrschaftsgeldes, zum immerwährenden Besitz, und mit sechsjähriger Befreiung von Steuern, Abgaben und Frohnen jeglicher Art; dabei wird noch den neuen Ankömmlingen vergönnt, das zum Bau ihrer Häuser und zur Wärmung ihrer Wohnungen nöthige Holz aus den königlichen Waldungen zu nehmen; auch erhielt der Landvogt die Vollmacht, den Ansiedlern hierin allen nöthigen Vorschub zu thun. Von diesen Vergünstigungen waren aber alle Personen ausgeschlossen, die nicht dem katholischen Glaubensbekenntniß angehörten.

[3] Von Gottes Gnaden Leopold Ludwig, Pfalz Graf bei Rhein, Herzog in Bayern und Graf zu Veldenz.

Nachdem in der Holz-Ordnung unserer Grafschaft Lützelstein die Verordnung wegen des Brennholzes etwas dunkel gesetzt, und zu Verhütung unseres Nachtheils, auch unserer Unterthanen und Angehörigen Besten Nutzen einer Erläuterung nöthig ist; als thun wir solche zu dem Ende hiemit also, daß zwar nach wie vor keiner bey willkührlich unserer Strafe, ohne unser Vorwißen und unser Forst Verwalters (oder Försters) Anweisung einig nüzlich frisch und auf seinem Stamm noch stehendes Holz in unsern Wäldern zu seinem Feuer abhauen soll, aber wohl mögen Wir gönnen, sintemahl es ohne das bey diesen Leut klemmen Zeiten nöthig zu seyn scheint, zu Räumung der Wälder und besten Weidgangs und auch der jungen Bäume willen, erlaube auch hiermit in Gnaden, daß alle und Jede unserer Unterthanen, Geist und weltliche Bediente in dieser Grafschaft die Aester Schläge, wordurch dasjenige, welches die Zimmerleute feld am 18. XII. 1715. Uebrigens fand stets zuvor das alte Herkommen Beachtung.[1]

Durch den westphälischen Frieden von 1648 hatte der König von Frankreich festen Fuß im Elsaß gefaßt.

---

und andere von denen Bäumen als Ihnen untüchtig abhauen und liegen lassen verstanden wird, das Wind und Schneebrüchig abgestanden dürr Holz ohne entgeld, außerhalb des gewöhnlichen Jahr Holz Geldes, so die Unterthanen schuldig in den Wäldern dahin ein Jeder gehörig hauen ußmachen hohlen und zu seinem Hausbrauch und Feuer aus dem Wald heimführen oder heimführen lassen mögen, so viel einer des Jahrs durch bedürftig, doch ohne Ueber-Maß. Dabey gleichwohl die Förster Jedes Orts zu zusehen, daß so lang liegend Holz vorhanden, ander auf deren Stämmen noch stehend Holz umzuhauen verbotten seyn solle; Wollen aber nicht zugeben, daß einiger Unterthan oder andere, so eine Fuhr hat, Holz eigenes Gefallens in unsern Wäldern (dann was uf eines Jeden eigenthümlichen Gütern wächst, deßen freye Verwaltung bleibt Ihnen vorbehalten) sammle und anderen zu feylem Kauf zu führen, ohne vorher erlangte unsere Erlaubniß, und daß er sich deshalben mit unserem Forst Verwalter um einen leidlichen Tax vergleichen, bei Strafe zween Gulden, so oft einer hierwieder zu thun betreten wird, im Gleichen solle bey ebenmäßiger Strafe keiner Macht haben, ohne sonderbare Erlaubniß Clafter-Holz zu machen, und wer dessen befugt, daß er solches, wann es gemacht, wie auch alles andere Holz so einem gegeben wird, sauber und rein wegführen lassen, bey einem Gulden Straf, seinen Regreß an den Fuhrmann vorbehalten. Würde nun Streit unter denen Unterthanen deswegen vorfallen, dem sollen Jedes Orts Förster seine abhaltliche Maaß geben und dahin nöthig des Holzes nach Beschaffenheit der Persohnen einen billigen Austheiler machen, vor allen Dingen aber dahin sehen, daß ordentlich und wo möglich ein Plaz nach dem Andern in denen Wäldern ausgeräumet, auch nicht viel unnöthige Holz Weege gemacht werden mögen Welches alles mit Vorbehalt unser Willkühr und Macht, nach Beschaffenheit der Zeit und Oerter eines und anders zu ändern, mindern und mehren zu verstehen. Geben Lützelstein den 17 Februarÿ Anni 1658.

Leopold Ludwig, Pfalz Graf.

[1] „Lützelsteiner Gemeind hält an, daß der Befehl wegen uferlegtem Holtz Kauf und Stockgeld wiederum Cassiret und abgethan werde".

„Aus Gnaden verwilligt, daß Supplicanten bei den Alten Herkommen gelassen und Ihnen nach als vor bedes Bau und Brennholtz nach Nothdurft gegeben und umsonst gegeben werden soll, doch soll sich keiner gelisten lassen ohne Vorwissen und Anweisen der Förster oder Forstmeister etwas abzuhauen".

„Decretum Lützelstein den 12. December 1616. Aus Fürstl. Cantzley".

Die Grafschaft Lützelstein kam unter sein Schutz- und Hoheitsrecht, doch so, daß ihr, laut Artikel 87 jenes Friedensvertrages,[1] die unmittelbare Reichsfreiheit vorbehalten blieb; der König sollte genau alle Rechte genießen, welche bisher dem Kaiser zuständig gewesen, unbeschadet jedoch seiner übrigen Schutz- und Hoheitsrechte. In diesen verschiedenen Bestimmungen lag aber Manches, das geeignet war, auf eine widersprechende Weise gedeutet zu werden. Zudem befanden sich die Pfalzgrafen in einer sonderbaren, nichts weniger als beneidenswerthen, eigenen und widrigen Lage, denn sie gehörten mit zu den deutschen Reichsständen und standen zu gleicher Zeit unter der Oberhoheit des Königs von Frankreich, von welchem sie, ebensowohl wie von dem deutschen Reichsoberhaupte, Befehle empfangen und diese auch vollziehen mußten.

Die Kriegsereignisse des 18. Jahrhunderts hatten mehr die Rheinebene zum Schauplatz und die Truppenzüge bewegten sich gewöhnlich auf der großen Heerstraße von Paris über Zabern. Unter den Nachwehen dieser Kriege, während denen die Kaiserlichen dem Elsaß wieder verschiedene, wiewohl erfolglose Besuche abstatteten, hat, wie das ganze Land, so gewiß auch Lützelstein zu leiden gehabt.

Obwohl die der Grafschaft durch die Westphälischen und Ryßwickschen Friedensschlüsse gesicherten Rechte und Freiheiten, ungeachtet der mehrmals wiederholten Bestätigungen derselben, in vielen Stücken verletzt, oder umgangen worden waren, je nachdem es dem Interesse der Krone angemessen schien, oder es der Laune des Hofes gefiel, so blieben doch, bis zum Ausbruche der Revolution, die altdeutschen Eigenthümlichkeiten in den Hauptgrundzügen erhalten. Diese wollen wir zunächst in ihrer geschichtlichen Entwickelung[2] näher in Betracht ziehen.

---

[1] Ordonnances d'Alsace, I. Fol. XV.

[2] A. Stöber, Als. 1854/5, II. 21—94. Jacob Grimm, Sammlung von Weisthümer.

„Daheim regierten sie sich fröhlich selbst
Nach altem Brauch und eigenem Gesetz".

Den Kern des Volkes bei unseren alten deutschen Vorfahren bildeten die Freien. Unter diesen standen die Hörigen (Liten oder Halbfreien); sie entbehrten des freien Grundbesitzes und besaßen nur Land, für das sie einem Herrn dienten oder zinsten. Noch tiefer standen die Knechte, die in harter und strenger Abhängigkeit sich befanden. An der Spitze der Verwaltung stand der vom Volke aus der Klasse der Edeln gewählte Gaufürst, der Graf. Nur bei den wichtigsten Angelegenheiten über Krieg und Frieden und im Kriege trat an die Spitze der Völkerschaften ein ebenfalls vom Volke gewählter Heerführer, Herzog. Alle Glieder des freien Volkes hatten verhältnißmäßig gleiche Rechte und Lasten, welche Gebrauch und Volksbeschluß, der Größe des Grundbesitzes entsprechend, festgestellt hatten. Die Felder des in Besitz genommenen Bezirks, der Mark, wurden unter die einzelnen Genossen getheilt. Wald und Weide diente aber Allen zur Nutznießung nach bestimmten Regeln und in abgemessenem Umfang unter der Bezeichnung: „gemeine Mark" oder „Almende". Zur Pflege des Rechts versammelten sich die freien Männer. Unter freiem Himmel wurde Gericht gehalten, das Verfahren war öffentlich und mündlich.

In Folge der großen Völkerwanderung hatte eine gewaltige Umwälzung stattgefunden. Zahllose Horden wälzten sich von Nord und Ost her auf die im Westen und Süden Europas wohnenden Völker. Die Cultur, welche in den durch die Römer gegründeten Niederlassungen Wurzel geschlagen und schon Früchte hervorgebracht hatte, war durch die mächtige Hand der Sieger zernichtet worden. Diejenigen Völker, welche zuerst die einst so mächtigen Römer besiegt, wurden von andern, ihnen nachströmenden Horden überwunden und verdrängt, und schnell ward ihnen wieder das kaum eroberte Besitzthum entrissen. Nach langen und schweren Kämpfen fiel endlich den Franken die Herrschaft anheim. Die freie Verfassung verschwand und die oberste Leitung des Volkes ging aus den Händen der Gesammtheit in die eine Hand des Frankenkönigs über. Dieser ernannte als unumschränkter Herrscher die Gaugrafen und Beamten. Alle herrenlosen Güter erlagen der Schaltung desselben. Er bedachte damit die Geistlichkeit und die fränkischen Großen und Beamten. Das ausgedehnte vogesische Grenzgebirge bot Gelegenheit, seine Günstlinge zu beschenken. So groß nun auch solche verliehene Landstriche waren, ihnen mangelte meistentheils dasjenige was allein ihnen einen wirklichen Werth geben konnte, nämlich die unermüdlich thätige Hand, die den Boden urbar machen, den Wald lichten oder roden, die Wildniß in fruchtbares Land umwandeln konnte. Die belehnten Vasallen mußten auf Mittel bedacht sein, den größtmöglichen Vortheil zu ziehen, aus dem was der Könige Gunst ihnen verliehen. Die Ueberreste der unterdrückten und gänzlich beraubten Urbevölkerung, welche sich theils unstät umhertrieb, theils unter der schweren Hand der Sieger in Leibeigenschaft lebte (wie denn überhaupt die meisten Bewohner des Landes hörige oder leibeigene Leute waren), mußten zur nützlichen Arbeit angehalten werden; man mußte diesen Menschen einen Vortheil darbieten, damit für den Grundherrn ein Gewinn entstände. So mag es wohl gekommen sein, daß man, unter anfangs wenig lästigen Bedingungen, an diese Besitzlosen Ländereien abtrat, zur Urbarmachung, zum Anbau und zur eigenen Benutzung. Der Hauptgrundsatz bei allen Abtretungen war: Die gebende Hand bleibt Herr des übergebenen Gutes und kann daher dasselbe, unter gewissen vorher bestimmten Umständen, oder bei Nichterfüllung der festgesetzten Bedingungen, wieder an sich ziehen, um es zu behalten, oder weiterhin zu vergeben. So entstand eine Art von Bauern-Lehen, gleich wie bei der Belehnung des höhern und niedern Adels. Der Adel war, in Folge des empfangenen Lehens, verpflichtet mit seiner Person und Habe dem Lehnsherrn Heeresfolge zu leisten, der Bauer aber, der meist leibeigen war, hatte die Verpflichtung gewisse Abgaben zu entrichten, vorher bestimmte Lasten zu tragen und sich den festgestellten Gebräuchen und Verordnungen pünktlich zu unterwerfen. Damit nun diese mit dem niederen Volke abgeschlossenen Verträge bei etwa vorfallenden Streitigkeiten, durch sachkundige Richter konnten beim Recht erhalten werden, bildeten die Nutznießer unter dem Vorsitze des Lehnsherrn oder seines hierzu verordneten Stellvertreters ein Gericht, dem jeder der als Beisitzer dazu bestimmt und berufen war, unfehlbar beizuwohnen hatte. Dies Gericht erhielt den Namen Dinc, Dinck, Ding.[1] Die Bedeutung desselben war zwar nicht mehr wie zur Zeit der alten freien Deutschen, aber es beruhte noch auf dem Zusammenwirken der Gerichtsherren mit Beisitzern, die als Zeugen der im Volke lebenden Rechtsgewohnheiten auf die Frage des Richters das Recht zu „weisen" hatten.

Der Ort, wo das Ding gehalten wurde, hieß Dingstuhl (Dingbank, Dingstatt, Dingstelle). Nach den verschiedenen Landstrichen, für welche das Ding zusammen trat, hieß es Landding, Goding (Gauding), Burgding. Eine Gerichtsstelle für Erbzinsverhältnisse hieß Dinghof (Hubengericht), der Herr eines solchen Dinghofsherr (Dinggraf), der unter Beisitz der Dinghofsleute (Hubner), d. i. Besitzer von Erbgütern (Dinggüter), selbst Gericht hielt oder durch einen Beamten (Dingvogt) halten ließ. Der einem Dingstuhl Unterworfene hieß dingstellig, dingpflichtig, die vor denselben gehörige Klage dingstellige Sache oder Klage, ein dem Gericht

---

[1] Den Ursprung der s. g. Dinghöfe glaubt Bernhard Herzog in seiner Edelsasser Chronik folgendermaßen darstellen zu dürfen: „Nachdem Clodoveus, der erste christliche König, die Tribocker überwunden, (welches zu seiner Zeit ungebundene und freie, wilde Völker waren) er nicht gewußt, wie sie füglich in Ordnung und bürgerlichen Standt zu bringen, dahero uff allerhand Mittel gedacht, und endlich dieses erfunden, daß sie allein Jährlich dreymahl an einem gewissen Orth ihren Gehorsam zu bezeugen, sollten sich versammeln, und ein geringes Stücklein Geld, Brod, Hühner, Wein oder dergleichen, dem Regulo, so er an seine Statt in seiner Abwesenheit ohnen würde, reichen, dabei hingegen, damit sie desto williger wären, wiederumb Etwas zu genießen, welches also ergangen, und in folgender Zeit ein Recht, nicht allein in diesen sondern auch in mehr andern Landen drauß worden, also daß keiner im Land seßhaft seyn dürfen, der nicht in diesen Dinghöffen zu gewisser Zeit sich eingefunden".

Entflohener dingflüchtig. Den Dingstühlen stand Unverletzlichkeit (Dingfriede) zu.

Die Dinghöfe bestanden aus Huben. Die Größe der Hube war verschieden, gewöhnlich wurde aber darunter ein Stück Landes verstanden, dessen Ertrag zur Erhaltung einer Bauernfamilie genügte (30, 40, 42 Acker).

Die Rechte und Gebräuche der Dinghöfe waren verschieden; sie befanden sich als Ueberlieferung aufgezeichnet in s. g. Rotteln, Roddeln oder Rodeln.

Die Huber, seltener Mendager genannt, bildeten den Kern des Gerichts. Im Gerichte hatten dieselben die Verpflichtung des Hofherrn und des Hofes Rechte zu behalten, jede Uebertretung anzuzeigen, Recht zu sprechen, und sollten den Vögten helfen „das Recht zwingen". Unabgesehen von den Vortheilen, welche die Huber aus den von ihnen angebauten Grundstücken, aus dem Waidgange, aus dem Holzrecht entstanden, genossen sie als Huber und Beisitzer noch manches andere.

Der Mayer, auch Hochhuber, zuweilen Stellvertreter des Herrn, war eine sehr wichtige Person bei dem Ding; er war der Verwalter, Schaffner des Dinghofherrn und zugleich Huber.

Zu dem Dinghofe gehörte auch noch der Bote, Büttel, Weibel. Derselbe konnte zu gleicher Zeit Huber sein.

Wurde nach einer gewissen Zeit die schuldige Abgabe nicht entrichtet, so konnte das Gut für den Hofherrn wieder eingezogen werden. Hier und da erhielt ein solches Gut den Namen: Saalgut, Saalhof, Sadelhof.

Der Hofherr hatte zudem das Vorkaufsrecht.

Außer den jährlichen Abgaben hatten die Huber gar manche Frohnden und Dienste zu leisten: Mene oder Menj, Achten, Ahten, Tagwen, Tagwan ꝛc.

Es bestanden: Weinbann, Bannwein, Bannmühlen, Bannöfen.

Die Herren von Lützelstein hielten auf das aus alten Tagen herstammende Landrecht.

In der Grafschaft Lützelstein bestanden 7 Dinghöfe bezw. Schultheißenämter:

1. Weinberg, wovon die eine Hälfte den Grafen von Leiningen zuständig war.

2. Lohr, dahin gehörte Petersbach, Frohmühl, Tiefenbach, Hinsburg und Puberg. Von Wingen nur ein Theil.

3. Hambach mit Volksberg (Volsburg), Bußweiler oder Weißlingen und Rostei, wovon die Familie von Bernhold einen Theil besaß.

4. Bettweiler mit Durstel, Adamsweiler und Gungweiler.

5. Berlingen mit Pfalzweyer, Weschem, Craufthal, Schönburg und Eschburg.

6. Hangweiler mit Wintersberg.

7. Zillingen, wovon nur $1/3$ hierher gehörte. [1]

Lützelstein hatte ein Oberding (Burgding), an welchen man sich gleich als an einen höheren Gerichtshof wenden konnte, und der sodann das Urtheil bestätigte oder auch sein eigen Urtheil nach Recht sprach.

Zur Handhabung der herrschaftlichen Gerechtsamen und Verwaltung der Gerichtsbarkeit und der Gefälle war in Lützelstein ein Vogt (Amtmann) bestellt, der bei dem Oberdinghof den Vorsitz führte, bei den Dinghöfen sich aber in der Regel durch den betreffenden Mayer (später Landschultheiß) vertreten ließ.

Im Laufe der Zeit nannte man die Beisitzer *Schöppen* und das Gericht *Schöppengericht*, beschränkte

---

[1] Außerdem gehörte zur Herrschaft der Grafen von Lützelstein nach Schöpflin:

Von der Familie Sareck und Geroldseck.

Altorf, Birsingen, Goselingen zur Halbscheid.

Gunderichingen oder Gondrechanges, Herolzhart, Kirchberg oder Kirprich, Rentingen, Stensel, Rudingen und Wachenburn.

Sareck.

Haselau, Winden, Achen (Herbizheim), Wolfskirchen, Erlingen und Kurzenrode. In Büst 5 Häuser und die Kirche.

Einarzhausen (Pfalzburg).

Die zur Herrschaft Lützelburg gehört habenden Orte: Haselburg, Hiltenhausen, Wilsperg und Mittelbrunn.

Zu den pfalz-zweibrückenschen Besitzungen im Elsaß gehörten außer der Grafschaft Lützelstein: die Grafschaft Roppolstein und die 5 Aemter Bergzabern, Gutenberg, Bischweiler, Selz und Hagenbach. — Billing, Elsaß, 213 ꝛc.

auch die Schöppen auf eine gewisse Zahl. Die Gerichtsbezirke wurden Schulzenthümer genannt.

Als Kurfürst Friedrich I. Herr von Lützelstein war, eiferte derselbe gegen die Westphälischen Fehmgerichte, die unverschämt genug waren, sich seblst über die Reichsgesetze hinauszusetzen, und mitten in dem Kurfürstenthume, wo sie noch damals Schöppen-Stühle und Frei-Grafen gehabt, die gemeine Ruhe zu stören. Aus dieser Ursache war man in den Einnungen, auch Burg- und Schirms-Briefen so vorsichtig, alle Gerichtsfälle genau auseinander zu setzen, und anzuzeigen, wo und wie ein jeder entschieden werden solle, und zwar nach Beschaffenheit der Sachen, vor den niederen Gerichten, vor den Beamten und vor den Kurfürstlichen Räthen (Hofgericht), die zu einer jeden Sache besonders angeordnet waren.[1]

Ebenso setzte die Halsgerichtsordnung Karls V. von 1532 noch den Fortbestand der Schöppen voraus.

Nach der durch die Reunionskammer in Metz und Breisach im Jahr 1680 erzwungenen Vereinigung der zwischen der Saar und den Vogesen gelegenen Lande mit der Krone Frankreichs, entstand zwischen dem französischen Verwalter des Elsasses und dem der Saarprovinz ein Zwist in Bezug auf Schloß und Grafschaft Lützelstein; ersterer behauptete, diese Grafschaft gehöre zum Elsaß, letzterer aber betrachtete dieselbe als ein vom Bisthum Metz lehnabhängiges Land und wollte sie mit der damals neu errichteten Saarprovinz vereinigen. Man überzeugte sich indessen davon, daß die Grafschaft Lützelstein, obschon jenseits der Vogesen gelegen, von Alters her zum Elsaß gehalten und zum Kirchsprengel Straßburg gehört hatte. Schloß und Grafschaft wurden demgemäß zum Elsaß gerechnet und dem oberen Gerichtshofe von Breisach unterworfen, auch bald darauf dem Kirchsprengel von Straßburg einverleibt.[2] Im Jahre 1698 wurde der Sitz des obern Gerichtshofes von Breisach nach Colmar verlegt.

Obschon vielerseits durch die Aufnahme des römischen Rechts und die Uebung, gelehrte Richter heranzuziehen, die

---

[1] Chr. J. Kremer, Friedrich I., 6 B. LIV. 635
[2] Arch. d. Unter-Elsaß. C 307.

alte Schöppengerichtsverfassung dem Verfall entgegengeführt ward, so verblieb doch in der Grafschaft Lützelstein den Schöppen bis zur französischen Besitznahme 1790 noch eine bedeutende Wirksamkeit. Die römischen Rechtsgrundsätze hatten hier noch keinen Eingang gefunden, es galten vielmehr die alten schriftlichen Aufzeichnungen, und wer etwas zu fordern oder zu klagen hatte, der mußte sich mit dem in jedem Schulzenthum eingeführten Landrechte „sättigen“. Ein allgemeines Landrecht für die Grafschaft wurde erst am 20. Januar 1742 verordnet. In allen wichtigen Acten des 18. Jahrhunderts finden wir den Amtsschreiber, Landschultheiß und die Gerichtsschöffen, auch wol in Nutznießungssachen Rentmeister und Bürgermeister verzeichnet.[1]

Der Pfalzgraf übte bis zur französischen Besitznahme 1790 die obere und untere Gerichtsbarkeit in der Grafschaft Lützelstein aus, ernannte die Richter und Amtleute daselbst und zog die Strafgelder ein. Alle diese Gerichtsstände waren jedoch dem Gerichtshof von Colmar unterworfen, der denn allerdings die Vermischung der französischen mit der deutschen Prozeßordnung veranlaßte. Außer den vorbezeichneten Gerechtsamen hatte der Pfalzgraf noch andere Privilegien beibehalten: die Freiheit des Salzkaufes, das Frohnrecht, entweder mit körperlichem Dienst oder vermittelst einer Geldleistung, das Ohm- oder Weingeld, die den Juden auferlegten Abgaben, den Zehnten 2c. Ueberhaupt war die Grafschaft den französischen Staatsangelegenheiten bis zum Jahre 1789 fremd geblieben.

---

[1] In einer zu Lützelstein am 24. Mai 1719 aufgenommenen Urkunde heißt es z. B.: „Zu wissen und Kund seyn hiermit, demnach unter denen Gemeinden Dieffenbach, Bettweiler, Gungweiler, Adamsweiler und Durstel seit einigen Jahren über den sogenannten Kerbholz und Catharinenwald, verschiedene Streitigkeiten Mißverstand und Zwiespalt sich ereignet; als haben wir uns als namentlich 2c. Rentmeister, 2c. Amtschreiber und 2c. Landtschultheiß auf besagter Gemeinden Begehren und ersuchen nachdem vorhero Bürgermeister, G e r i c h t s s c h ö f f e n und die sämmtlichen Unterthanen daselbsten gütlichen zusammen geschritten und kommen auf quaestionirten Wald begeben und nach genommenem Augenschein nachfolgenden gütlichen Vergleich und Transaction 2c. beschlossen 2c.“

In der merkwürdigen Sitzung der gesetzgebenden Volksversammlung zu Paris vom 4. August 1789 wurden, mit stürmischem Beifall und mit hinreißender Begeisterung, von der größten Mehrheit der Versammlung die letzten Grundpfeiler des Lehnwesens zernichtet und mit demselben die sämmtlichen Vorrechte der Provinzen und Städte abgeschafft.

Bei Gelegenheit der angenommenen Abschaffung der Herrengerichte, verlangte der Abgeordnete für Straßburg, von Türckheim, eine Ausnahme für das Elsaß, wo ausländische Fürsten verschiedene Lehnrechte, kraft ihrer mit Frankreich geschlossenen Verträge, besaßen.

Die Einrichtung der obern Verwaltung im Elsaß näherte sich im Juli 1790 ihrer Vollendung. Diese wurde mit dem übrigen Frankreich in vollkommenen Einklang gebracht. Es blieb noch die Einrichtung der Friedens- und Landgerichte übrig, um die völlige Gleichförmigkeit zu vollenden. Diese ward gegen das Ende des Jahrs 1790 vollzogen.

Im Jahre 1791 wurde auf des Herrn von Dietrich und anderer Personen Verwendung im ganzen Elsaß bei den Gerichtsverhandlungen, und überhaupt in allen öffentlichen Acten, der Gebrauch der deutschen Sprache neben der französischen ausdrücklich beizubehalten verordnet, was aber nicht von Dauer war.

In bürgerlicher und verwaltender Hinsicht war das Elsaß von 1791 an französisch. Was aber die Gesinnungen der Elsässer anbetrifft, so wollte der französische Volksgeist nicht in alle Klassen der Bewohner eindringen.

Die Frage, ob die Aufhebung der lehnherrlichen Rechte auch auf die Besitzungen der deutschen Fürsten im Elsaß anwendbar sei? wurde bei Gelegenheit der Einverleibung derselben in die zwei Rheinbezirke in Anregung gebracht. Die Herrschaftsrechte waren diesen deutschen Fürsten durch den westphälischen und ryswikischen Friedensschluß von Frankreich zugesichert, und man hielt es für einen Eingriff in die Heiligkeit der Verträge, wenn die gesetzgebende Volksversammlung sie dieser Rechte, ohne angemessene Entschädigung berauben wollte. Als ihr Einspruch in Frankreich fruchtlos blieb, riefen sie die Dazwischenkunft des deutschen Reichstages und des Kaisers an. Kaiser Leopold II. schrieb am 14. XII. 1790 an den König von Frankreich zu Gunsten der deutschen Fürsten. Es wurden auch wegen Entschädigung dieser Unterhandlungen angeknüpft, allein bei der Stellung der Parteien in Frankreich und bei den immer schwieriger werdenden Verhältnissen mit dem Auslande hatten dieselben keinen befriedigenden Erfolg. Die Waffen sollten über das Recht entscheiden.[1]

Den Deutschen schien der Zeitpunkt günstig, um ihre alten Ansprüche auf das Elsaß geltend zu machen. Im Jahre 1793, während die eiserne Hand der Schreckensherrschaft schwer auf ihm lastete, überschwemmten die Kriegsheere abermals das Land.

In der Nacht vom 18. auf den 19. August suchte ein preußisches Kriegsheer, unter General Kalkreuth, durch die Wasgaupässe zwischen Bitsch und Lützelstein zu dringen. Auf die erste Nachricht von diesem Vorhaben ertönte die Sturmglocke in allen umliegenden Gemeinden. Die Landleute der benachbarten Kantone sammelten sich, zogen mit Flinten, Sensen, Aexten ꝛc. bewaffnet, etwa 3000 an der Zahl, unter Anführung des Bürgermeisters Helmstetter von Pfaffenhofen, dem Feinde entgegen und warfen ihn wieder aus den Gebirgspässen. So ward der Vereinigungsplan des preußischen Heeres mit den durch die Weißenburger Linien eindringenden Oesterreichern vereitelt.[2]

Die Besitzungen der deutschen Fürsten im Elsaß wurden, wie die Güter der Ausgewanderten, zum Vortheil des Volks mit Beschlag belegt, bezw. als Volkseigenthum veräußert. Erst im Lüneviller Frieden (1801) kam die Entschädigung wieder zur Sprache und wurde durch den Reichsabschluß von 1803 vollends entschieden, womit denn auch die Ansprüche des pfalzgräflich-zweibrückschen Hauses bezüglich der Herrschaft Lützelstein Erledigung fanden.

Während sich in vielen Gegenden des Elsasses die ersten Spuren der französischen Staatsumwälzung stürmisch

---

[1] Betrachtungen über die dermaligen Verhältnisse im Elsaß, insbesondere in Rücksicht auf die Pfalz-Zweibrückenschen Besitzungen unter französischer Hoheit, von einem pfälzischen Patrioten. Frankfurt, 1791. 8°.

[2] Klein, Buchsweiler ꝛc., 70.

zeigten, viele Schlösser, auch alte Burgen, Landhäuser, Gärten, Weinberge, Waldungen, besonders herrschaftliche, von den Bauern verheert, manche wichtige Urkunde vertilgt, Amtleute, Schultheiße und andere herrschaftlichen Beamten bedroht, beschimpft ꝛc. wurden, ging es in der Grafschaft Lützelstein friedlich her. Entstanden auch hie und da einige Bewegungen unter dem besitzlosen Volk, weil überall dieses nach zügelloser Freiheit lüstern war und es die eingetretene Gesetzlosigkeit zu Unordnungen benutzen wollte, so wurden doch durch das thätige Einschreiten der ruhigen Bewohner, die groben Ausschweifungen verhindert oder unterdrückt, die Sicherheit des Eigenthums geschützt, die Beamten vor Beschimpfungen oder Mißhandlungen bewahrt und die öffentliche Ruhe aufrecht erhalten. Allerdings soll ein Försterhaus im Pfennigacker zerstört worden sein.

Dagegen fanden sich die Bewohner der Grafschaft bewogen, gegen die geschehenen Beeinträchtigungen ihrer Waldrechte im gesetzlichen Wege vorzugehen. Die Vertreter einer großen Anzahl Gemeinden wanderten nach Weißenburg, um bei dem dortigen Districtsgerichte ihre Klagen vorzubringen. Der große Freiheitsschwindel, welcher in Weißenburg herrschte, machte auf die friedliebenden Waldbewohner einen so niederschlagenden Eindruck, daß die meisten Vertreter das Hasenpanier ergriffen und nur die von Lützelstein, Petersbach, Lohr und Hambach Stand hielten. Letztere erlangten denn auch von dem Districtsgerichte günstige Urtheile, aus welchen der Geist der damaligen Zeit nicht verleugnet werden kann.

Nachdem die Grafschaft zerrissen und den vier Cantonen Lützelstein, Drulingen, Buchsweiler (Elsaß) und Pfalzburg (Lothringen) zugetheilt worden war, hat eine weitere politische Rolle Lützelstein nicht gespielt.

Die Bewohner der vormaligen Grafschaft sahen mit Widerwillen und Aerger auf die Verbreitung von Sitten und Sprache, die von Frankreich herüberkamen. Mit Liebe und Treue an ihr Deutschthum hängend, waren sie mißtrauisch, ja selbst oft etwas feindselig gegen die angestellten Fremdlinge, die bisweilen mit anmaßendem Tone auftraten, mit Verachtung auf die schlichteren, redlichen

Bauern herabsahen, oder sich über die der französischen Sprache Unkundigen lustig machten. Der Bauer hielt treu an seine einfachen, schlichten Sitten und alterthümlichen Gebräuche. Unbekannt mit der neuen Sprache und den fremden Manieren, lebte er ungestört seiner Arbeit, und bekümmerte sich nicht um die Sachen der Politik.

Obwohl unter der Zeit französischer Verwaltung manches vorher Willkürliche, Lästige und Drückende verschwand, viele Verbesserungen eingeführt, in Ackerbau und Viehzucht große Fortschritte gemacht, ausgedehnte Oeden in fruchtbare Fluren verwandelt und künstliche Wiesen angelegt wurden; so trat doch ein bedauerlicher Unterschied gegen die einstige Bauernwelt hervor. Sonst gab es Mayer und Huber, welche, neben dem eigenen zusammenhängendem Gute, vielleicht eine oder mehrere Huben, auch wohl anderes Gültgut, gegen sehr mäßige Abgaben, besaßen, und die in einem gewissen Wohlstande sich befanden. Nun gab es durch die Theilbarkeit viele kleine Bauern, ins Unendliche zerstückeltes Gut,[1] schuldbelastete Aecker und Häuser, wohl auch Bauern, die ihre mißliche Lage, ihre Geldverlegenheit durch das verderblichste Mittel im Stillen zu decken suchten, indem sie sich Wucherern in die Arme warfen.

Wir wollen später darauf zurückkommen und uns der Feste Lützelstein nochmals zuwenden. In alter Zeit war dieselbe in so fern kriegskundlich wichtig, als sie einen in's Innere des Landes führenden Vogesenpaß vertheidigte. Dieser verlor seine Bedeutung. Die Feste war aber auch bei

[1] Die übergroße Zersplitterung des Grundbesitzes ist gewiß ein sehr wunder Punkt der Gegenwart. Statt auf dem Wege des Rechtszusammenhanges an bewährte Einrichtungen anzuknüpfen und sie zeitgemäß weiter auszubilden, griffen die Jakobiner nach einer gründlichen, die Geschichte und Ueberlieferungen unserer Vorfahren verleugnenden Maßnahme. Indeß ist dem Uebelstande durch ein Gesetz über Zusammenlegung der Grundstücke und durch ein Höfegesetz, beruhend auf den Vorzügen des Anerben, welche eine Zersplitterung der Bauerngüter zu verhindern geeignet sind, abzuhelfen.

dem neuen Geschütze zu keiner ernstlichen Belagerung mehr geeignet, weil sie von sämmtlichen umliegenden Berghöhen beherrscht wird. Auffallen muß es daher, daß die französische Regierung nach Mitte dieses Jahrhunderts an der Befestigung Lützelsteins noch sehr thätig arbeitete und bedeutende Kosten verwandte. Die Besatzung bestand zur französischen Zeit anfangs aus Invaliden, zuletzt aus einer Hauptmannschaft Linientruppen. Im Jahre 1870 sollte ein Unterofficier mit 30 Mann die Feste vertheidigen, als aber der erste würtembergsche Ulan sich blicken ließ, nahm die Besatzung Reißaus, und wurde der Unterofficier für diese Heldenthat durch Herrn Thiers besonders ausgezeichnet.

Die deutschen Truppen verfolgten, so lange Pfalzburg und Bitsch in den Händen der Franzosen waren, größtentheils die Straße über Lützelstein. In Petersbach war das Hauptquartier des deutschen Kronprinzen Friedrich Wilhelm.

— — —

Blicken wir jetzt auf Land und Leute, so trägt die vormalige Grafschaft, trotz der 80jährigen französischen Verwaltung, noch völlig das Gepräge ihres Mutterlandes. Deutsche Sitten und Sprache haben sich ausschließlich bewahrt. Diese Erhaltung der deutschthümlichen Kennzeichen bemerken wir in den äußeren Verhältnissen, wie in dem Familienkreise, in der Kleidung, in den Gebräuchen, Festlichkeiten und Belustigungen. Biedersinn, Treue, Sparsamkeit, Arbeitsamkeit, Liebe zur Ordnung, Achtung vor der Obrigkeit, Einfalt der Sitten, Offenherzigkeit mit einer gewissen Derbheit im Ausdruck, Anhänglichkeit an's Vaterland und an die alten ihm theuern Gerechtsamen, bilden im Allgemeinen die Hauptzüge der eigenthümlichen Gesinnung des hiesigen Bauern. — Im Ganzen finden wir mehr Armuth als Wohlstand. Dieses beruht in der Uebervölkerung und in der Vereinzelung der Grundstücke. Gewerbebetrieb ist verhältnißmäßig gering; dieser beschränkt sich im Wesentlichen auf einige Holzschuhmachereien, Steinhauereien, Strickereien und Flechtereien. In günstigen

Jahren liefert die ausgedehnte Obstbaumzucht einen Gewinn, die Zwetschen- und Kirschbrennerei ein gutes Getränk. Der Wald bietet zeitweise vielen Leuten Arbeit, aber nur einen mäßigen Verdienst. Das Gebirge setzt der Ausdehnung des Ackerbaues feste Grenzen. Was urbar gemacht werden konnte, ist schon in alter Zeit gewonnen. Stellenweise werden Berghänge wieder in Wald verwandelt, weil der Bauer sich durch die Holzzucht einen höheren Gewinn verspricht. Der Grundbesitz ist in 1—2—5 selten—10 Hektar vertheilt. Dieser an sich geringe Flächeninhalt der einzelnen Bauerngüter liegt obendrein durch die Theilbarkeit oft in 100 und mehr Parzellen über den ganzen Bann zerstreut. Die Sucht der Theilung erstreckt sich selbst auf Wohnungen.

Wie sehr die Bevölkerung seit Anfang des vorigen Jahrhunderts zugenommen hat, beweist folgende Zusammenstellung aus den Jahren 1720, 1750[1] und 1871 (Nach der damaligen Zählung):

	Feuerstellen		
	1720	1750	1871
Lützelstein	38	90	191
Weinburg	45	60	170
Lohr, Petersbach, Frohmühl, Tiefenbach, Hinsburg, Puberg, Wingen	61	146	709
Hambach, Volksberg, Weislingen, Rosteig	70	173	605
Bettweiler, Durstel, Adamsweiler, Gungweiler	45	94	276
Berlingen, Pfalzweyer, Weschheim, Graufthal, Schönburg, Eschburg	59	144	453
Hangweiler, Wintersburg, Zillingen, Struth, Hansmannshof . . .	70	116	309
	388	823	2713

Besonders stark ist die Zunahme der Bevölkerung in Petersbach gewesen[2]:

---

[1] Schöpflin, Als. ill. II. 744.

[2] Schöpflin, Als. ill. II. 196 ꝛc. und nach den von dem ehemaligen Friedensrichter Hoffmann in Petersbach niedergeschriebenen Nachrichten.

	im Jahre	1586	4	Feuerstellen
	„ „	1707	8	„
	„ „	1735	13	„
	„ „	1779	63	„
	„ „	1805	115	„
	„ „	1874	154	„
Lohr	hatte im Jahre	1774	50	Feuerstellen
	„ „	1874	126	„
Schönburg	im Jahre	1774	30	Feuerstellen
	„ „	1806	45	„
	„ „	1874	114	„
Eschburg mit Graufthal	im Jahre	1780	80	Feuerstellen
	„ „	1874	154	„
Pfalzweyer	im Jahre	1780	20	Feuerstellen
	„ „	1874	71	„
Zillingen	„ „	1780	45	„
	„ „	1874	72	„

Daß die große Familienzahl auf einem so geringen Grundeigenthume noch ihren Unterhalt findet, liegt theils in der Arbeitsamkeit und Sparsamkeit (Kartoffeln und Milch ist die Hauptspeise, Fleisch eine seltene Kost), theils in dem Fortschritte der Cultur und theils in dem Genusse des Waldes.

Einige von den vielen volksthümlichen Gebräuchen, Meinungen und Sagen, welche wir hörten, wollen wir noch anführen.

In Durstel glaubt man, daß der sehr reichhaltige Dorfbrunnen am Neujahrsmorgen großen Segen bringe, es komme nur darauf an, das erste Wasser zu bekommen; deßwegen stehen Viele schon Nachts um 12 Uhr am Brunnen, um ihr Vieh zu tränken und für sich und die Ihrigen Wasser zu holen.

In Lützelstein schweigen am grünen Donnerstag von Mittag an die Glocken für die Katholiken (wie in allen katholischen Ortschaften), um erst wieder Samstag Abends angezogen zu werden. Das Volk sagt: „sie seien nach Rom gereis't“. Die Knaben durchziehen die Straßen mit hölzernen Klappern (Rätschen), welche an die ägyptischen Osiris-Klappern erinnern. Der Lützelsteiner wird „Sandhäs“, auch „Geiß“ genannt, weil der Boden sandig und felsig ist und nur Hasen und Geiße spärlich ernährt.

Erklärung der Ortschaftsnamen Weinburg und Durstel. Dieser treue Eckart und Hüter von Weines Reinheit ist zweifelsohne ein Kind von Weinburg und hat seine nächsten Verwandten in Durstel.

Petersbach. Der erste Anbauer Namens Peter setzte sich an den Bach, welcher unten im Dorfe entspringt und bei Tiefenbach in die Eichel mündet; daher der Ortsname. Als später die Landstraße angelegt wurde, baute Graf Burckhard ein Lustschloß an dieselbe, welches noch heute bewohnt wird, und veranlaßte die weitere Ansiedlung der Straße entlang. Der Petersbacher wird „Breibauch“ genannt, weil seine Lieblingsspeise Kartoffelbrei ist.

Lohr. Auf Begehren gewährte im Jahre 1669 Herzog Leopold Ludwig den Bürgern eine Glocke mit der Bestimmung, daß wenn dieselbe geläutet würde, sich sämmtliche Bürger auf der Dingbank einfinden und so lange bleiben müßten, bis der Mayer erschiene, widrigenfalls jeder 3 Schilling Strafe zu zahlen hätte. Den Lohrer nennt man „Schleckerkrämer“, weil er aus Obst gekochte Schleckerei auf dem Markt verkaufte.

Schönburg. Das Dorf hat seinen Namen durch die schöne Aussicht und durch die von Herzog Georg Hans 1/2 Kilometer gegen Graufthal erbaute Burg mit Hof, wovon aber keine Spuren mehr vorhanden sind. Die Schönburger werden „Wurzelzapfen“ genannt, weil sie ihr Feld mit Wurzeln ausstopfen.

„Bevölkerung und Runkelrüben
Thu' ich am allermeisten lieben“.

Eschburg. Eine Burg stand ursprünglich näher nach Graufthal, wo jetzt noch Mauerreste sich vorfinden. Im 30jährigen Krieg wurde die Burg mit sonstigen

Wohnungen zerstört und verbrannt, d. h. in Asche (Aesche) gelegt; daher der Name Aesch-, jetzt Eschburg.

Weißlingen. Die Gegend von W. war noch eine arge Wildniß, als ein Verbrecher zur Buße einen Theil derselben urbar machen mußte. Der Büßer ließ sich daselbst häuslich nieder, und man nannte den Ort Bußweiler. Später gesellten sich noch Andere zu demselben, umpflanzten ihre Höfe mit Lindenbäumen, und als diese in weißer Blüthenpracht standen, nannten sie ihre Stätte Weißlingen.

Die Hambacher überfielen, in der Schreckenszeit der ersten Revolution, das Städtchen Diemeringen und wollten die Schätze der Grafen im Schlosse plündern. Es kam zu einem hitzigen Gefechte, worin sie die Oberhand behielten, und während acht Tagen besetzten sie Diemeringen. Ihre Lieblingskost waren „Knöpfle", welche sie täglich in großer Menge von ihren Hauswirthen begehrten. Als sie endlich wieder abzogen, füllten sie noch ganze Säcke mit ihren beliebten Knöpflen. Seitdem ward ihnen von den Nachbardörfern der Spitzname „Knöpfelsäcke" gegeben.

Tiefenbach liegt in einem tiefen Thale an der Eichel, daher der Name. Ein längst wieder eingegangenes Eisenhammerwerk war die erste Anlage, welche zur weiteren Ansiedlung Veranlassung gab. Den Tiefenbacher nennt man „Sandheber" (Sandheb), da er nichts als Sand zu heben hat. In Frohmühl zog die Anlage eines Eisenschmelzofens, welcher mit dem Hammerwerke in Tiefenbach in Verbindung stand, Anbauer heran. Es wurde auch eine Mühle errichtet, in der es immer froh zuging, und man gab deßhalb dem Ort den Namen Frohmühl.

Struth. Dieser Ort wurde in einem dichten Walde (Struth, strouth) angelegt, daher der Name. Den Struther nennt man „Lehmhäs", da sich überall in der Feldmark Lehmboden findet.

Hinsburg. Auf diesen Berg siedelte sich ein Mann an, der sich Hengste hielt, und man nannte deßhalb den Ort „Hengstburg". Später sagte man Hingstburg und heute Hinsburg (Hinsberg).

Erschöpft von der langen Darstellung suchen wir uns wieder durch den Anblick der Natur zu ermuntern und gehen vom Schlosse Lützelstein rechts am Laufbrunnen vorbei durch den Ausgang, und sodann links der Felswand entlang bis an den durch eine alte Mauer versteckten Wasserabfluß. Hier sehen wir eine wunderbare Erscheinung: zwei nebeneinanderliegende natürliche Höhlen im Fels, von deren Wänden unausgesetzt Wassertropfen so reichlich herabfallen, daß sich im Grunde ein tiefer Wasserbehälter gebildet hat, der in der trockensten Sommerzeit mit Wasser gefüllt ist. Die Höhlen sind zwar in dem Vogesensandstein nicht selten, allein eine solche starke Ausschwitzung, wie aus diesem hochstehenden, völlig abgesonderten Fels hervordringt, möchte nicht weiter vorkommen. (In Bitsch und Lichtenburg sind zwar auch Wasserbehälter, aber mehr künstliche Regenwassergruben). Man hat den Fels von oben durchbrochen, um aus den Höhlen Wasser zu schöpfen. Früher war die Besatzung und die Bürgerschaft lediglich auf dieses Wasser angewiesen; erst zur französischen Zeit ist eine Wasserleitung von der Altenburg her angelegt.

Wir gehen zurück an die westliche Außenseite des Schlosses, und gewahren hier einen hervortretenden, von Epheu umrankten Fels mit einem uralten Thurme, der durch eine Brückensteige mit dem Schlosse in Verbindung stand (diese Brückensteige ist erst vor etwa 10 Jahren abgerissen). Von dem Fels hat man eine schöne Aussicht in die umliegenden Thäler und in den gegenüberliegenden Buchenwald, welchen wir jetzt, den Bergabhang gerade hinunter und dann durch die Wiesen gehend, betreten. Am Abhange links des Thaleinschnittes haben wir einen lichten Buchenort, der mit einer gut gelungenen Weißtannenstreifensaat unterbaut ist. Rechts einen Buchen-Besamungs- und Lichtschlag mit Tannen-, Buchen- und Eichen-Aufwuchs in regelmäßiger Abwechselung. Wir verfolgen den Mühlweg, schreiten über die Eschburger-Forststraße in einen kräftigen jungen Buchenort, aus dem wir nach einigen Minuten in einen Buchen-Abtriebs- und Lichtschlag treten, wo wir eine herrliche Mischung von Buchen- und Tannen-Aufwuchs erblicken. Wir wenden uns dem lieblichen Thale zu, da geht ein Mühlrad (Weckenmühle), folgen dem rauschenden

Bergwasser und erreichen in 20 Minuten das schöne Graufthal an der Zinsel.

Graufthal, ursprünglich Claustriacum, später Krauchthal, auch Craufthal genannt, hat seinen Namen von dem celtischen Worte Krauch, welches eine Gegend, ein Feld, ein Hof und ein Dorf bedeutet. Das Dorf ist ein Anhängsel zu Eschburg, zählt 236 E., die meist arm und sich mit Waldarbeit, Fisch-, Krebs- und Froschfang, Strickerei und Schwefelholzschachtelei beschäftigen; die Kinder bestürmen den Fremden um 1 Sous. Unter einem ausgehöhlten riesenmäßigen Fels hausen ganz vergnügt einzelne Familien. Diese Höhlen bestehen inwendig aus nacktem Fels und sind nach vorn mit einer Ziegelwand geschlossen, in welcher ein paar kleine Fenster und die Thür sich befinden. Das Dorf ist überhaupt von hohen schroffen Felswänden nmgeben, und hat dadurch ein malerisches Ansehen; allein die dunklen Felswohnungen mit den übrigen armseligen Hütten mindern den sonst angenehmen Eindruck. Die Kirche ist ein einfaches Gebäude ohne Thurm mit der Jahreszahl 1619. In derselben stand noch vor einigen Jahren ein Stein mit französischer Inschrift, welche in der Hauptsache Folgendes besagte:

„Graufthal, altes Frauenkloster von dem Orden des heil. Benedikt, ist durch Sigebald, Bischof von Metz, gestiftet worden, der dem Bisthum 35 Jahre lang, von 707—742, vorstand 2c. — Diese berühmte Abtei wurde i. J. 1550 durch einen Pfalzgrafen Namens Friedrich aufgehoben 2c. — Dieses berühmte Haus, mit einem Theile seiner Einkünfte, ward an die Fürsten von Pfalzburg i. J. 1628 verkauft“.

Wir sehen denn auch noch Ueberreste des ehemaligen Klosters, namentlich zeigt die Klosterkirche in ihren wenigen Trümmern, daß sie im byzantinischen Style erbaut und in baukunstlicher Hinsicht ziemlich merkwürdig war.

D. Fischer hat die ehemalige Abtei Graufthal beschrieben, von dem wir Einiges mittheilen.

Vollmar IV., Graf von Metz, hat durch Schenkungen ꝛc. das der Zeit gesunkene Kloster so emporgehoben, daß es im Anfange des 12. Jahrhunderts hundert Nonnen aufnehmen konnte.

Zu Anfang des 14. Jahrhunderts war zwischen dem Kloster „Craffthal", Benediktiner-Ordens im Bisthum Metz, und Genin, Herren zu Lützelburg, wegen verschiedener gegen das Kloster von Seiten des Herrn Genin ausgeübten Bedrückungen, namentlich der dem Kloster zugehörigen Wälder Kammerholz und Bannholz, Streit entstanden, der i. J. 1308 zu Saarburg dahin ausgeglichen wurde, daß Herr Genin allen Ansprüchen auf die vorbemerkten Wälder, mit Ausnahme der Gefälle des Eckerichts, wovon ihm 1/3 verblieb, entsagte ꝛc.

Um das Kloster hatten sich nach und nach Familien angesiedelt, welche die klösterlichen Güter bebauten. Die Einwohner dieses Dorfes standen unter der Gerichtsbarkeit der Herren von Lützelburg.

Die Abtei unterlag den Verheerungen des 1525 tobenden Aufruhrs der Bauern, und kam seitdem in Abnahme.

Die Gebrüder Bernard und Johann von Lützelburg besaßen im Jahre 1405 die Dörfer Graufthal und Eschburg nebst Zwing und Bann, als ein von dem Bisthume Metz herrührendes Lehen, und beide Ortschaften kamen 1523, mit der Eroberung der Feste Lützelburg an das kurfürstliche Haus von der Pfalz.

Kurfürst von der Pfalz, Friedrich II., erhielt vom heiligen Stuhle laut Bulle v. 2. I. 1551 die Erlaubniß, die Klöster Lixheim und Craufthal, sammt ihren Gütern und Einkünften, an sich zu ziehen, mit dem Bedinge, zur Erhaltung des neuerrichteten Instituts die Einnahmen in der Nähe von Heidelberg zu verwenden. Kurfürst Friedrich II. ließ im Jahre 1555 Besitz von dem Kloster Graufthal nehmen, worauf die Aebtissin mit noch fünf Nonnen dasselbe verließen.

Die Gebäude des Klosters Graufthal wurden bald nach der Einziehung desselben durch die zur protestantischen Religion übergegangenen Bauern dieser Gegend zerstört.

Im Jahre 1608 gründete Kurfürst Friedrich IV.

die Stadt Lixheim auf dem Platz des eingezogenen Klosters gleichen Namens und der dazu gehörenden Gärten, und gestattete den flüchtigen Reformirten sich daselbst niederzulassen.

Kurfürst Friedrich V., seines Erblandes beraubt, verkaufte am 28. XI. 1623 Lixheim und Graufthal, mit Gütern und Gefällen, an Heinrich II., Herzog von Lothringen, zu dem Preise von 130000 Thlr. Henriette von Lothringen brachte dem Fürsten von Pfalzburg, Ludwig von Guise, die Graufthaler Güter als Heirathsgut zu.

Das Dorf Graufthal zählte damals zur Grafschaft Lützelstein, welche i. J. 1680 durch den oberen Gerichtshof des Elsasses mit der Krone Frankreichs vereinigt und bald darauf dem Kirchsprengel von Straßburg einverleibt wurde.

Die im Unter-Elsaß liegenden Graufthaler Güter fielen 1702 an das Haus Lothringen.[1] Herzog Leopold I. übergab sie im Jahre 1716 in Erbpacht. Auch bezog das lothringensche Haus den ganzen Zehnten zu Graufthal, welcher mit Lothringen im Jahre 1766 an den König von Frankreich überging.

Das zur Grafschaft Lützelstein und zum Stab (Dinghof) Berlingen gehörende Dorf Graufthal blieb in den Händen des pfalzgräflichen Hauses bis zur Zeit der Revolution.

Wir verlassen diesen Ort und folgen dem Laufe der Zinsel, dessen Thal uns durch die reizenden Wiesenmatten, die seltsamen Wald- und Felsgruppen und besonders durch die fortwährende Abwechselung des Ueberblickes entzückt. Zuerst helle Eichen- und Buchenhaine, später dunkelgrüne Tannen im Gemisch mit den verschiedensten Laubhölzern. Das Plätschern und Rauschen des schlangenförmig laufenden Baches ermuntert den Schritt, und nach 20 Minuten

[1] Von den Waldungen im Banne von Eschburg gehörten 2/3 dem Hause Lothringen und 1/3 dem Kurfürsten zu Pfalz und Baiern.

passiren wir links das herrliche Niederbächelthal, worin eine Sägemühle lebhaft schafft und erquickende Bäder zu haben sind. Noch einige Minuten und wir sehen den lustigen Oberhof.

Zunächst bemerken wir rechts ein steinernes Kreuz, welches, besonders der Inschrift wegen, Beachtung verdient.

Links liegt das früher der Abtei Neuweiler, jetzt dem Staate zugehörige Forsthaus Oberhof am Walde Breitschloß.

Im Jahre 1671 ließ hier (an der westlichen Grenze des Breitschlosses) der Pfalzgraf Leopold Ludwig von Veldenz, mit Genehmigung des Probstes zu Neuweiler, zur Erhebung des Geleitsrechtes, das er vom Reiche inne hatte, ein Zollhaus errichten.[1] Jede Fuhr, welche durch die Herrschaft Lützelstein geleitet wurde, und jede Krämerei, welche die Fallbergerstraße passirte, mußte Zoll- und Weggeld bezahlen, wie dies auf den Verkehrsstraßen gewöhnliches Recht und Herkommen war. Später übernahm Georg Wahl diesen Hof im Wolfsthal und noch einen tiefer im Thomasthal liegenden in Bestand, und nannte ersteren Oberhof, letzteren Schäferhof. Joseph Guntzel ward Beständer der Meierei Johannesthal.

Wir gehen über die Brücke und kommen an zwei Höfe, die schon in alter Zeit Wirthschaftsstände für Reisende waren. Die sauber gekleidete Besitzerin des vielbesuchten und beliebten vorderen Wirthshauses, Frau Mathias, steigt von der Treppe bewillkommnend herab und preiset mit freundlichen Mienen, Geflügel, Forellen und Krebse, auch gute Weine an. Wir lassen uns im Garten unter einem schattigen Obstbaum nieder und laben uns, von erfrischender Kühle umflossen, sowohl an der reinen und gesunden Luft, als an den schmackhaften Gaben der freundlichen Frau Wirthin. Nachdem wir uns erquickt und gestärkt haben, besehen wir diese waldumgebene, felsgekrönte, in reizenden grünen Matten liegende, von spiegelnden Bächen belebte Thalbreite und ihre Einzelschönheiten. Wir besteigen hohe Felsen, betreten schattige Felsschluchten, üppige Waldpartien

---

[1] Archiv des Unter-Elsaß, G. 2006.

und Anlagen. Das ganze gleicht einem herrlichen Naturparke, der rings heitern Frieden athmet.

Aus Entzücken über diesen Genuß sprechen wir nochmals den Gaben Dionysos zu und gehen über den Fallberg durch einen wunderschönen, mit Eichen, Buchen und Tannen gemischten Hochwald nach der Straße von Pfalzburg nach Zabern. Diese führt uns auf die im Jahre 1427 angelegte, im Jahre 1616 ausgebesserte Zaberner Steige, welche Goethe folgendermaßen schildert:

„Von der aufgehenden Sonne beschienen, erhob sich vor uns die berühmte Zaberner Steige, ein Werk von unüberdenklicher Arbeit. Schlangenweise, über die fürchterlichsten Felsen aufgemauert führt eine Chaussee für drei Wagen neben einander breit genug, so leise bergauf, daß man es kaum empfindet. Die Härte und Glätte des Wegs, die geplatteten Erhöhungen an beiden Seiten für die Fußgänger, die steinernen Rinnen zum Ableiten der Bergwasser, alles ist so reinlich als künstlich und dauerhaft hergerichtet, daß es einen genügenden Anblick gewährt".

Auf der Berghöhe der Zaberner Steige, etwa 50 Schritte unterhalb der Wirthschaft, befindet sich rechts ein steiler Fels mit Grotte, Karls-Sprung genannt. Die Sage von einem Prinzen Karl von Lothringen, welcher mit seinem Pferde über den Fels unverletzt hinabgesprungen sein soll, übergehen wir. Dagegen erfreuen wir uns an dem herrlichen Ueberblick auf Zabern und die Rheinebene. Die Sonne neigt sich dem Westen zu; ihr Strahlengold umfließt wie ein Heiligenschein die drei altersgrauen Schlösser: Hoh-Barr, Groß- und Klein-Geroldseck. Die Vogesenkette zieht sich düster im Süden hin.

Wir scheiden ungern von dieser Stätte, aber der Abgang des letzten Abendzuges treibt zum Aufbruch.

In den Reizen schöner Natur noch schwelgend, betreten wir wieder Straßburg, und stimmen an: Welche Lust gewährt das Reisen! wenn wir überdenken, welch schönen Landestheil wir heute durchschritten und wohlgefällig wahrnahmen.

Der Stekkelburjer schüttelt darob den Kopf.

Zweiter Theil.

Nach den geschichtlichen Mittheilungen sollten zwar vor einem Jahrtausend die Vogesen noch dicht bewaldet sein, allein wir sehen an den vorhandenen Spuren römischer Niederlassungen, daß die Lützelsteiner Gegend schon früher hier und da bewohnt war.

Der jedenfalls noch sehr ausgedehnte Wald blieb Eigenthum Aller in Bezug auf Bedürfnisse, die er befriedigen konnte. Als aber mit der Zunahme der Ansiedlungen Ueberschreitungen eintraten, bildeten sich Markgenossenschaften zur regelrechten Ausübung der gemeinschaftlichen Waldnutzungen. Obschon zur Frankenzeit an die Stelle des herkömmlichen Besitzes der Marken das Eroberungsrecht trat, so erhielten sich doch bis in die Gegenwart die Markgebiete und die Nutzungsrechte in denselben.

Bestimmte Nachrichten über die Lützelsteiner Lehnsherrschaft liegen erst seit Ende des 12. Jahrhunderts vor.

Die vormaligen Herrscher von Lützelstein zeigten eine große Vorliebe für den Wald. Wenn dieses auch hauptsächlich der Jagd wegen geschah, so genossen dadurch die Waldungen doch gegen die Eingriffe der Menschen einen besonderen Schutz, welcher um so wirksamer sein mußte, da die schwache Bevölkerung sehr mäßige Anforderungen an die Waldungen stellte und in das Innere dieser kaum andere, als Jäger einzudringen vermochten. Diesem haben wir es zu verdanken, daß der Gegenwart ein kostbarer Wald überliefert worden ist, in dem nur die unerschöpflich gehaltenen Eichenvorräthe auf erschreckend rasche Weise verzehrt sind.

Die Nutzungsrechte sind offenbar aus der alten Markverfassung abzuleiten, wonach solche nur den s. g. Freien nach Verhältniß der Größe ihres Grundbesitzes zustanden, während den s. g. Hörigen unter gewissen Bedingungen die Mitbenutzung der Weide, der Mast, des Holzes 2c. gestattet war. Zur Zeit der Lehnsherrschaft sind zwar allen Leuten Waldnutzungen eingeräumt, aber stets ist nach Verhältniß des Grundbesitzes bezw. nach Bedürfniß der Nutzungsmaßstab bestimmt. In der Lützelsteiner Waldordnung v. 17. II. 1658 heißt es: „alle und jede unserer Unterthanen, Geist- und weltliche Bediente in dieser Grafschaft“; ferner: „ein Jeder zu seinem Hausbrauch und Feuer, so viel einer das Jahr durch bedürftig;“ endlich: „Würde nun Streit unter den Unterthanen deswegen vorfallen, denn sollen jeder Orts Förster sein abhelfliches Maß geben und dahin nöthig des Holzes nach Beschaffenheit der Personen einen billigen Austheiler machen“.

Das Bedürfniß mußte zunächst aus dem liegenden Holze, als After-Schlägen (Spänen), Wind- und Schneebruch, Dürrholz (Raff- und Leseholz) befriedigt werden, denn es heißt in der ber. Waldordnung: „so lang liegend Holz vorhanden, ander auf deren Stämmen noch stehend Holz umzuhauen verbotten sein solle“. Die dann noch fehlende Bedarfsmasse wurde in den regelmäßigen Jahresschlägen auf dem Stamme zum Selbsthiebe angewiesen.

Nur für die persönlichen Bedürfnisse der Bewohner, nicht aber über den Bedarf hinaus, namentlich nicht zum Verkauf, oder für Gegenstände öffentlichen Nutzens 2c. konnte Holz beansprucht werden. In der ber. Waldordnung heißt es: „Wollen aber nicht zugeben, daß einige Unterthanen oder andere, so eine Fuhr hat, Holz eigenes Gefallens in unsern Wälder — denn was uff eines jeden eigenthümlichen Gütern wächst, dessen freie Verwaltung bleibt ihm vorbehalten — sammeln und andern zu feilem Kauf zu führen 2c.“

Eigenthümlich waren die Verhältnisse zwischen Stellbesitzer und Häusler. Ersterer vertrat das Bauerngut, und er hatte Anrecht auf Alles, was der Wald spendete. Wüste, oder unbewohnte Stellen verloren das Nutzungsrecht, so lange, bis sie wieder wohnbar und bewohnt worden. Der Häusler genoß dagegen nur eine abgesonderte Masse Brennholz, welche mit dem Dasein des Häuslers entstand und erlosch. Je nach Bedürfniß verkürzte man den Bezugsantheil für einen Häusler um 1/4 bis 3/4, und wenn der Häusler mit dem Stellbesitzer eine Stube bewohnte, mithin keine eigene Haushaltung hatte, so wurde der Bezug ganz entzogen. Ueberhaupt wurde nur den Besitzern selbstständiger Feuerstellen Brennholz gewährt.

Als nach Mitte des 18. Jahrhunderts das Berechtigungsholz durch die Berechtigten bezw. auf deren Kosten ordnungsmäßig aufgearbeitet werden mußte, wurde die gesammte Bedarfsmasse einer Gemeinde den Vertretern derselben (Bürgermeistern) zur Vertheilung an die Gemeindeangehörigen überwiesen. Im Mittel berechnete sich damals für jede Feuerstelle der Antheil auf etwa 3 bis 4 Raummeter Derbholz und 10 Wellen. Die Vertheilung der Berechtigten unter sich war sehr ungleichmäßig, und betrug je nach Bedürfniß 1—6 Raummeter auf eine Feuerstelle. Für diejenigen berechtigten Gemeinden, welche eigene Waldungen besaßen, mußten bei Festsetzung des Bedarfes zuerst die Erträgnisse dieser in Betracht genommen und von der Gesammtmasse abgezogen werden.

Die Bewohner konnten aus den Waldungen das Bauholz zu Neubauten und Reparaturen „die Nothdurft" verlangen.[1] Dieses wurde geprüft, und wenn ihre eigenen Baumhöfe zur Befriedigung nicht geeignet waren, oder nicht hinreichten, die Anweisung auf dem Stamme vollzogen, jedoch mußte die Bearbeitung im Walde geschehen.

Die Bewohner hatten das Weiderecht mit Rindvieh und Schweinen in den Waldorten, welche dem „Viehfraß entwachsen" waren.

Auch besaßen dieselben das Mastrecht oder die Schmalzweide: „von Michelstag bis Königstag mit ihren eigenen auf ihrem Trog erzogenen Schweinen".

Andere Nutzungsrechte sind in den letzten Jahrhunderten nicht ausgeübt, obwohl in alter Zeit noch mancherlei bestanden haben mögen.

Eine eigentliche Gegenleistung oder Forstdienst-Verpflichtung liegt nicht vor. Es ist allerdings den Forstbeamten für die von der Holzanweisung gehabte Bemühung eine

---

[1] Nur bei der Gemeinde Hinsburg ist die Abgabe von Bauholz beschränkt, und zwar auf 20 Stämme für ein einstöckiges und auf 30 Stämme für ein zweistöckiges Haus, sowie auf 20 Stämme für Scheune und Stall, alles halb Buchen und halb Eichen.

Vergütung gewährt. Diese Anweisegebühr (Stock- oder Stammgeld) kann aber nur als eine feststehende Ergötzlichkeit des Forstbeamten für seine Leistungen angesehen werden. Auch haben die Berechtigten ihre Abfuhrwege herzustellen bezw. auszubessern, welches um so weniger als eine Gegenleistung anzusehen ist, da diese Dienstpflicht zunächst den Berechtigten zu Gute kommt. Ebenso ist die Heranziehung der Berechtigten zur Unterhaltung der durch die Forst führenden Nebenwege (Forststraßen), eine erst in der Neuzeit auferlegte allgemeine Pflicht.[1]

Seit Mitte des 18. Jahrhunderts, nachweisbar seit 1779 sind den Forstbeamten gewisse Anweisegebühren genommen und zu Register gezogen, und zwar hatten die Berechtigten, seit dieser Zeit für den Raummeter Brennholz — ohne Werbung — zu zahlen: Buchen 67 bezw. 64 und 53 Pf. und Eichen 64 bezw. 34 und 26 Pf. Weich- und Nadelholz, sowie zum Theil Reiserholz war frei; bei denen, die für Buchen- und Eichen-Reiserholz Zahlung leisten mußten, zählten 100 Wellen von 1 m Umfang und 1,40 m Länge für 3 Raummeter, von 1 m Umfang und 1 m Länge für 2 Raummeter.

Das freie Nutzungsrecht wollten sich die Bewohner nicht entziehen lassen; um aber gegen diese widerrechtliche Auflage mit Erfolg einschreiten zu können, mußten sie günstige Zeitverhältnisse abwarten. Diese traten mit der Revolution von 1789 ein, und die dagegen sich auflehnenden Gemeinden Lützelstein, Petersbach und Lohr wurden durch rechtskräftig gewordene Schiedssprüche des Gerichtshofs Weißenburg v. 9. V. 11 u. 16. VI. 1794 von der Auflage befreit.

Ebenso sollten schon im Anfang des 17. Jahrhunderts die Berechtigten für Eichen-Bauholzbezüge den vierten Theil des wahren Werths zahlen. Dieses widerrechtliche Vorgehen wurde zwar auf Beschwerde der Berechtigten eingestellt, aber Mitte des 18. Jahrhunderts wieder aufgenommen. Obgleich diese Auflage 40 Jahre lang zu Register gezogen war, so wurden doch durch die vorberegten

---

[1] Gesetz über die Nebenwege v. 21. V. 1836. Art. 14. — Min. Entsch. v. 17 I. 1838. Circ. v. 13. III 1838 Nr. 415.

Schiedssprüche ꝛc. davon sämmtliche Berechtigungs-Gemeinden wieder befreit.

Endlich mußte jeder Berechtigte für Stock-, Raff- und Leseholz den s. g. Brennholzgroschen (Stockgeld) zahlen, welche Leistung als eigentliche Anweisegebühr zu betrachten ist. [1]

Außer der Berechtigungsmasse wurde den Bewohnern Holz gegen Zahlung der Anweisegebühren und eines mäßigen Gebrauchswerths abgegeben, wie die ber. Waldordnung sagt: „daß er sich deshalben mit unserem Forstverwalter um einen leidlichen Tax vergleiche".

Man hatte eine so lange Reihe von Jahren hindurch zu gleichem Preise verkauft, daß die Verjährung ein Hinderniß seiner Erhöhung wurde. Als man sich genöthigt sah, meistbietende Holzverkäufe anzustellen, erhoben dagegen die Berechtigten Einspruch. Dieser wurde mit Rücksicht darauf, daß kein Anspruch auf dasjenige, was nach Befriedigung des Bedarfs noch überher die Berechtigungswaldungen gaben, geltend gemacht werden konnte, zurückgewiesen.

Die vielen Streitigkeiten mit den Berechtigten führten zu dem Versuche eines Loskaufes derselben in Wald (Waldabtretung), und obschon ihnen 1/3 der sämmtlichen Waldungen als Eigenthum angeboten und laut Beschl. des Staatsr. v. 26. III. 1769 darüber in den Jahren 1772—1775 verhandelt worden war, so mußte die Sache doch an der einstimmigen Weigerung sämmtlicher Lützelsteiner Gemeinden scheitern.

Seit dem Jahre 1807 wurde die Waldabtretung wieder eifrig, aber erfolglos, betrieben. Trotzdem das Forstgesetz v. 21. V. 1827 in Art. 63 dem Eigenthümer das Recht ertheilte, jede Holzberechtigung durch Abtretung eines Waldtheiles abzufinden, im Falle des Streites durch die Gerichte; so kam die Sache bis in die Neuzeit nicht vorwärts. Die Abfindungsweise der Gemeinden Hangweiler und namentlich Lützelstein bestärkte die übrigen

---

[1] Das jährliche Stockgeld betrug von demjenigen Berechtigten, der eine Fuhre hatte, 16 Pf. und von demjenigen, der keine hatte, 6 Pf., und wird noch jetzt erhoben, da jedoch die Fuhre untersagt ist, so ist die Zahlung für jeden Berechtigten auf 8 Pf. beschränkt.

Gemeinden in ihrer Weigerung, und das auch wohl mit Recht. Die gesetzlichen Bestimmungen lauten nämlich dahin, daß die für Holzberechtigungen in bestandenen Theilen der belasteten Forst zu gewährenden Abfindungen einen nach den Grundsätzen der Waldwerthberechnung festzustellenden Kapitalwerth haben sollen, welcher dem nach Vorschrift des Gesetzes zu ermittelnden zwanzigfachen Betrage des Jahreswerthes der Berechtigung gleichkomme. Wir halten dafür, daß es den Grundsätzen von Recht und Billigkeit nicht entspricht, wenn die Forderungsrente mit dem zwanzigfachen Betrage kapitalisirt und die Gewährungsrente, wie das auf Grund der Waldwerthsberechnung geschehen muß, mit dem 33¹/₃ bezw. 25fachen Betrage zu Kapital gerechnet wird. Das Richtige ist, daß der Ertragswerth des Holzbezuges gegen den Ertragswerth der Abfindung gesetzt und letztere, vorbehältlich der Ausgleichung wegen des zu großen oder zu geringen Holzbestandes, so gewährt wird, daß die Berechtigten ihren bisherigen Holzbezug nachhaltig davon beziehen können. Obwohl vielleicht auf diesem Wege die berechtigten Gemeinden sich weniger gegen eine Abfindung sträuben würden, so sind wir doch, mit Ausnahme einiger Fälle, sowohl im Interesse des Staats wie in dem der Gemeinden, gegen die Waldabtretung, und zwar hauptsächlich aus dem Grunde, weil der ohnehin schon zusammenhanglose Wald zu sehr zerstückelt werden müßte. Wir halten dagegen eine Feststellung der verwickelten Berechtigungsverhältnisse in beiderseitigem Interesse nicht nur wünschenswerth, sondern geboten. Dieses wurde schon lange erkannt, auch bezüglich des Brennholzes in den Jahren 1843—1850 der Jahresbedarf, außer Raff- und Leseholz, für eine selbstständige Haushaltung mit eigenem Feuerherd nach stattgehabter Abschätzung zu 6 Raummetern[1] bestimmt; allein im Uebrigen bestehen die Verhältnisse wie zuvor. Nur die Gemeinde Zillingen ist so verständig gewesen und hat mit der Forstverwaltung in gütlichem Wege unter Zugrundelegung der aus den 20 Jahren von 1855—1874 ermittelten durchschnittlich jährlichen Holz-

---

[1] Puberg und Hinsburg in Rücksicht auf die ungünstigen klimatischen Verhältnisse zu 7,92 Raummeter.

bezüge und Gegenleistungen, sowie der aus den drei Jahren von 1872—1874 berechneten Bauholzpreise — am 31. III. 1878 einen Vertrag abgeschlossen, wonach dieselbe jährlich ein Brennholz-Aversum von 500 Raummeter und eine Bauholz-Entschädigung von 282 Mark zur willkürlichen Verwendung erhält und an Gegenleistungen 403 Mark zahlt. Die anderen Gemeinden werden mit der Redensart dagegen aufgestachelt: „nur ja die alten Rechte gewahrt". Wo sind aber die alten Rechte, bezw. was bringen dieselben noch auf?

Das Recht zur Nutzung der After-Schläge, des Wind- und Schneebruchholzes und des Dürrholzes, ausschließlich des Raff- und Leseholzes, ist mit der Feststellung des Brennholzbedarfs für die Haushaltung aufgehoben.[1]

Das Recht zu Bauholz hat auf lange Jahre keinen Werth, da die haubaren Eichen völlig ausgenutzt sind.[2] Allerdings wird durch den neurer Zeit stark betriebenen Eichen-Zwischenbau demnächst, vielleicht in 120 Jahren, das Bedürfniß an Eichenbauholz wieder befriedigt werden können, aber 100 Mark, welche in 120 Jahren eingehen, haben jetzt bei 4% 1 Mark, bei 5% gar keinen Werth, während z. B. die von Zillingen zu beziehenden Bauholzrente von 282 Mark in 120 Jahren einen Kapitalwerth bei 4% von 6986 Mark erreicht.

Das Weiderecht ist seit Einführung der Stallfütterung völlig fruchtlos geworden, und wird ja auch seit langen Jahren überall nicht mehr ausgeübt.

Das Mastrecht hat mit dem Verschwinden der Mastbäume allen Werth verloren.

Was nützen also die alten Rechte, wenn sie nicht mehr ausgeübt werden können, bezw. nichts einbringen. Dieses mögen die verständigen Leute den Aufstachlern entgegnen.

Wichtigkeit für die Gemeinden hat nur noch die Er-

---

[1] Nur die Gemeinde Hambach hat noch das dürre und das von Wind und Schnee gebrochene und auf der Erde liegende Holz, wenn die Stämme oder Aeste nicht mehr als einen Raummeter geben, zu beanspruchen.

[2] In der Oberförsterei Lützelstein-Süd hat schon seit 4 Jahren überall kein Eichen-Bauholz mehr abgegeben werden können.

haltung des Brennholzrechtes, und dieses wird auf Verlangen mit dem Rechte zu Raff- und Leseholz, in obiger Weise völlig gewahrt.

Neben diesen aus der alten Markverfassung abzuleitenden Nutzungsrechten bestehen noch Grunddienstbarkeiten. So ist den 3 Häusern der ersten 3 Zweige des Krebsschen Erbstandes in Wingen das Recht auf Bauholz und auf die Abgabe von 215 Raummeter Buchen- bezw. Eichen-Scheite, jedoch nicht außerhalb des Wingener Bannes zu verwenden, gegen Selbstwerbung laut Urkunde v. 18. XII. 1724 zc. verliehen.

Auf jede thunliche Art wurde, namentlich nach dem 30jährigen Kriege, einer Volksvermehrung Vorschub geleistet. Was für den Ackerbau im Laufe der Jahrhunderte gewonnen werden konnte, das ist dem Walde genommen. Schon Ende des 18. Jahrhunderts wurde die Grenze des unbedingten Waldbodens, wo die Urbarmachung wenn nicht unmöglich, so doch unergiebig war, erreicht. Der Wald ist meistens auf die Hänge und schmalen Rücken der Berge beschränkt. Der Fels setzt zudem Pflug und Spaten ein unüberwindliches Hinderniß.

Trotzdem der Wald von dem Feldbau zusammengedrängt worden ist, so hat er doch noch eine ansehnliche Größe.

Nach einem Flächen-Register von 1781 betrug die Größe der Waldungen: 6876,82 ha

Seitdem sind abgetreten

1) an die Verwaltung der Oberförsterei Neuweiler der Weinburger Wald mit	112,24 ha	
2) als Abfindung d. Berechtigung an die Familie von Elvert .	30,00 „	
3) desgleichen an die Gemeinde Lützelstein	239,15 „	
4) desgleichen an die Gemeinde Hangweiler und zu sonstigen Zwecken	256,29 „	
überhaupt		637,68 „
so daß also gegenwärtig der Wald noch umfaßt		6239,14 ha

Eine Neuvermessung wird bald genauere Auskunft geben.

Die ersten Angaben über Waldhut finden sich in der Anweisung für den Amtmann oder Burgvogt in Schloß Lützelstein vom Jahre 1481. Nach dieser soll der Burgvogt auf Jagen und Hauen in den Waldungen, sowie auf die Weiher und Fischereien besonderen Bedacht nehmen, und dies alles durch den dasigen herrschaftlichen Kellner ausführen und vollbringen lassen; er solle auch einen Jäger und einen Waldknecht halten, welche die Wälder und Wildbahnen hüten, auch am Tage jagen, der Jäger dürfe aber nur 12 Hunde, nämlich 8 Jagd- und 4 Hetzhunde führen. Seit Anfang des 17. Jahrhunderts dienen Wirthschafts- und Schutzbeamte (Forstmeister und Förster), zuerst Forstmeister Becker, Ende des 17. Jahrhunderts Forstverwalter Brummen, Anfang des 18. Jahrhunderts Forstverwalter Limburg, Mitte des 18. Jahrhunderts Oberförster Reichard und seit 1779 Oberförster Fischer, und zwar unter dem Oberforstamte bezw. unter der Rathskammer zu Zweibrücken. Für jeden Bann war ein Förster bestellt, daher die Bezeichnung „Orts-Förster".

Als zur französischen Zeit der Neuweiler Stiftswald Breitschloß (1790), die zur Herrschaft Bitsch, Bann Zittersheim und Erkartsweiler, und die zur Herrschaft Diemeringen, Haus Nassau-Saarbrücken, gehörenden Waldungen (1793) mit denen der Grafschaft Lützelstein vereinigt verwaltet wurden, vermehrte sich die Zahl der Forstbeamten. Der betriebsführende Beamte mit dem Titel Forstinspector hatte seinen Sitz in Zabern und stand unter dem Oberforstbeamten in Straßburg, welcher den äußern Dienst des Bezirks nach Anweisung des Generaldirektors bezw. Finanzministers in Paris zu leiten hatte. In Lützelstein waren als Ausführungswerkzeuge zwei Revierförster, von denen der ältere als Stellvertreter des Inspectors den

Titel „Unterforstinspector“ führte. Die Förster wurden von reitenden Förstern und Hegemeistern beaufsichtigt. Waldwegeaufseher hatten die Unterhaltung der Hauptwaldwege zu besorgen.

Der pfälzische Oberförster Fischer wurde als französischer Unterforstinspector übernommen und diente als solcher in Lützelstein bis zum Jahre 1822. Diesem folgten bis zum Jahre 1845: Deichmann, Barande, D'arance de Navaro, Marcott, Paulian und Wulpilat.

Im Jahre 1845 wurde der Sitz der Forstinspection von Zabern nach Lützelstein verlegt, und es dienten bis zum Jahre 1870 als Inspectoren: Labussierre, Marechal, Poivre und Leblance.

Von den Verwaltungsbeamten haben sich besonders ausgezeichnet:

Fischer. Dieser hat viele öde Flächen cultivirt, ausgedehnte Buchenbestände musterhaft verjüngt und dabei einen zweckmäßigen Zwischenbau der Eiche betrieben.

Marechal war tüchtig als Forstmann und Jäger, dabei menschenfreundlich; sah sehr auf gute Holzzucht, beförderte den Eichen-Zwischenbau, legte große Fichten- und Kiefern-Saaten an, begann mit Anpflanzungen und mit der Anlage von kunstgerechten Holzabfuhrwegen. Die Breitschloßstraße nach der Lützelsteiner Seite stammt von ihm.

Leblance folgte den Fußstapfen des Marechal, legte ausgedehnte Culturen, namentlich Saaten an; mit Hartnäckigkeit erlangte er die Mittel zur Ausdehnung der Forststraßen, und großen Fleiß verwandte er auf den Ausbau derselben; er war ernst und streng, aber rechtlich im Dienst, und wurde i. J. 1870 mit Unrecht angefeindet, zumal sich die Anfeindungen darauf gründeten, daß er den übermäßigen Anforderungen, namentlich auf Laubstreu, nicht nachgekommen war.

Zur deutschen Zeit wurden die zwei Oberförstereien Lützelstein-Süd mit 9 Schutzbezirken über 4414,32 ha Staats- und 531,52 ha Gemeinde-Waldungen und Lützelstein-Nord mit 10 Schutzbezirken über 5149 ha Staats- und 116,81 ha Gemeinde-Waldungen gebildet und den Oberförstern die selbstständige Betriebsführung unter Aufsicht des Forstmeisters bezw. der Forstdirection in Straßburg übertragen. Die reitenden Förster und Hegemeister fielen weg und erhielten, soweit sie übernommen wurden, Schutzbezirke. Die zweckmäßige Anordnung der Waldwegeaufseher blieb bestehen.

Bevor wir zur Bewirthschaftung der Waldungen übergehen, wollen wir Gebirgsart, Boden, Lage, Klima, Naturereignisse und Waldwuchs beleuchten.

Das Grundgebirge bildet der Vogesensandstein, welcher von Südwest noch Nordost die Vogesen durchstreicht und dessen Auftreten von der Hochebene bei Gebweiler bis nach Weißenburg hin zu verfolgen ist, besonders aber in der hiesigen Gegend durch seine an der Stirn der Berge hervortretenden mächtigen Conglomeratbänke, die bald in lang hinziehender Linie, bald Festungsbollwerken vergleichbar hervorspringend, dem Auge allseitig auffallen.[1]

Die Feste Lützelstein steht auf solchen Bänken. Entweder trifft man die Conglomerate gleich am Rande oder

---

[1] Nach Voltz werden im „Flötzgebirge“ der Vogesen unterschieden:

1) Steinkohlengebirge, rother Sandstein oder Rothliegendes (grès rouge), Flötzporphyr. Diese bilden zusammen eine Abtheilung.
2) Wasgausandstein, Vogesensandstein (grès vosgien).
3) Nebraersandstein (grès bigarré) } von Humboldt so genannt.
4) Muschelkalkstein (calcaire de Göttingen }
5) Keuper, bunte Mergel (marnes irisées).

Hierüber folgt der Lias.

Wir wollen nicht nach de Beaumont den Vogesensandstein, als etwas eigenartiges, dem bunten Sandstein selbstständig gegenüberstellen, lassen vielmehr letzteren in zwei sehr verschiedene mächtige Glieder zerfallen: ein unteres, den s. g. Vogesensandstein, und ein oberes, den bunten Sandstein Beaumonts im engeren Sinn. Im Texte verstehen wir unter der Bezeichnung „bunter Sandstein“ das obere Glied (grès bigarré).

In der Lützelsteiner Grafschaft sehen wir als Hauptmasse den Vogesensandstein, untergeordnet bunten Sandstein und Muschelkalk.

einwärts am Gipfel der Berge. Wie eine Mauer ragen sie fast an allen Bergen heraus, oder sie liegen versteckt im Walde. Ueberall geben sie die schützende Decke für den untenliegenden, leichter zerfallenden, Sandstein ab. Milchquarz, röthlicher Quarz, Quarzite und Kieselschiefer bilden das Material. Das sandige Bindemittel tritt ganz zurück.

Soweit der Vogesensandstein zu Tage liegt, sehen wir unten helle Sandsteine, zunächst noch mürbe und zerreiblich, die einzelnen Quarzkörner nur durch ein Häutchen von Eisenoxydhydrat zusammengehalten, ohne alles thonige Bindemittel. In ununterbrochener Reihe folgen nun die Schichten des Sandsteins, bald von feinerem, bald von gröberem Korn. Höher werden die Bänke dunkler roth, fester, ganz untergeordnet treten thonige Schichten auf, und es erscheinen einzelne Quarzgerölle mit rautenartigen Oberflächen. Alsdann häufen sich die Quarzgerölle und auf der Spitze ragen die Conglomeratbänke hervor.

Auf den Conglomeraten lagern noch Bänke in buntem Wechsel von grobem und feinem Korn, von thonigen Schichten und solchen mit vielen Quarzgeröllen, endlich von Glimmerblättchen und braun gefleckten Brockelmassen mit Hohlräumen und sehr festen Kieselsteinen, die beim Verwittern zu losem Sand zerfallen. Die braunen Flecken sind Rückstände dolomitischer, im Sandstein sitzender Knollen, und diese dolomitführenden Lagen bilden die letzte Begrenzung des Vogesensandsteins.

Abgesehen von den Anzeichen sehr verschiedener Störungen, liegt zu Tage, daß, nach Bildung des Vogesensandsteins, die vielen Spalten bezw. Thäler allmählich ausgewaschen sind. Während meist die Conglomerate der Atmosphäre sehr lange Widerstand leisten und deswegen Hochebenen bilden, sind sie hier und da auch schon verschwunden und der Grus in die Thäler geführt.

So ist durchwegs der südöstliche Theil der Grafschaft. Nordwestlich treten andere Merkmale auf. Von Lützelstein nach Petersbach überschreiten wir gleich auf der Hochebene die unteren thonigen Schichten des Buntsandsteins. Vor Petersbach treffen wir schon auf Steinbrüche. Wir sehen die unteren thonigen Schichten des Buntsandsteins, darüber die in dicken Bänken liegenden thonigen Sandsteine, zu Bauten und Bildhauerarbeiten gewonnen. Rothe, in's Violette gehende Färbung herrscht vor, weiß tritt zurück. Das Korn des Sandes ist fein, das Bindemittel thonig, hier und da kommt Glimmer vor, Gerölle fehlen, oder stellen sich nur als ganz vereinzelte Seltenheiten ein. Nach oben, zwischen Lagen von rothem und grünem Thone werden die Sandsteinbänke schwächer, reicher an Glimmer. Einige Meter über dem Bausandstein liegen die mächtigen Thonschichten, mit welchen der bunte Sandstein abschließt und ein großer Theil der nordwestlichen Gegend bedeckt ist.

So umsäumt bezw. bedeckt der obere Buntsandstein den Vogesensandstein auf der Hochebene der Gegenden von Weißlingen, Struth, Petersbach, Lohr, Schönburg, Berlingen und Pfalzweyer.

Weiter nordwestlich treffen wir nach einer Verwerfung auf Muschelkalk. Wir finden zunächst über dem Buntsandstein dolomitische und auch noch sonstige Gesteine (Muschelsandsteine), sodann mächtige Muschelkalkbänke. Diese Linie geht von Durstel über Drulingen, Mettingen, Zillingen nach Wintersburg, und hat für unseren Bezirk, weil über diesen hinaus liegend, keine Bedeutung.

Wir haben uns also, namentlich bezüglich der Waldungen, auf den Vogesensandstein und oberen Buntsandstein zu beschränken, zumal hier und da nur Spuren des Ueberganges zum Muschelkalk bemerkbar sind.

Das ausgedehnteste Gebiet, etwa 3/4 der Fläche, nimmt der Vogesensandstein ein. Die von Südwest nach Nordost laufenden Spalten zergliedern die einförmige Gebirgsmasse. In diesen Spalten ist das Conglomerat zu einem lockeren Grus zerfallen, aber seine Bestandtheile, namentlich die unlöslichen, wie der Quarz und die weniger leicht zersetzbaren Dolomitknollen und Glimmerblättchen, liegen noch an ihrem ursprünglichen Orte, hier und da liegen auch noch große Blöcke, die unzersetzt geblieben sind, auf der Oberfläche oder in der zersetzten Masse selbst. Mancher verwitterte Conglomeratfels zeigt dabei eine wabige und unregelmäßige Gestaltung, die von der verschiedenen Beschaffenheit des Bindemittels herrührt. Hier und da ist eine Decke des zerfallenen aber unlöslichen Theils zurückgeblieben, und unterhalb haben sich Höhlen in allen möglichen Windungen und Unregelmäßigkeiten gebildet. Oft sieht man matratzenartig zu Thürmen und Pfeilern auf einander gehäufte unregelmäßig vieleckige Massen, die eine früher viel bedeutendere Höhe der Oberfläche andeuten und dadurch entstanden sind, daß diese Theile der Verwitterung mehr widerstanden, wie ihre Umgebungen. Das Bindemittel des unterliegenden Sandsteins ist nach Wegfall der schützenden Decke schnell zersetzt, wobei die Sandkörner und die Geschiebe frei und durch fließendes Wasser an andere Stellen gebracht und angehäuft wurden. Wir finden im Thale tiefgründigen bindungslosen rothen Sand, am Abhange lockeren Grus, aus dunkelrothem lehmigen Sand, Quarzgerölle, Glimmer und Dolomitknollen bestehend, je nach der Verwitterung des Felses mehr oder weniger tiefgründig, und auf der Hochebene flachgründigen Lehm, auch zuweilen Thon, mit Quarzgerölle, Glimmer und Dolomitknollen. Eine Verwerfung der Schichten führten hier und da zu Abweichungen.

Der Boden des Vogesensandsteins besteht also aus: Quarz, Eisen, Thon, Glimmer und Dolomit, und liefert in reichlichem Maße die wesentlichsten feuerbeständigen Stoffe, denen man in den Pflanzen und in den Culturgewächsen in größerer oder geringerer Menge begegnet, als: Kieselerde, Eisenoxyd, Thonerde, Kali, Talk und Kalkerde.

Vorherrschend sind Quarz und Eisen.

Der Quarz zeigt, namentlich durch die von ihm bewirkte Auflockerung, im Allgemeinen, trotz seines Uebermaßes, keinen ungünstigen Einfluß auf den Boden und das Pflanzenwachsthum; nur in den Niederungen, wo er zu sehr angehäuft und bindungslos ist, ist er manchmal die Ursache der geringen Fruchtbarkeit.

Das Eisen kann in seinem großen Ueberschuß dem Pflanzenwachsthum sehr nachtheilig werden. Es ist ein wesentliches Bindemittel des Vogesensandsteins. Bekanntlich verwittert dasselbe in feuchter Luft und besonders unter Mitwirkung der Kohlensäure, indem sich ein Gemenge von basischem kohlensauren Eisenoxyd und Eisenoxydhydrat bildet. Wir haben zwar an den unterirdischen Seen der

Feste Lützelstein den Beweis, daß der Vogesensandstein, namentlich das Conglomerat, die Feuchtigkeit der Atmosphäre begierig einsaugt und lange bewahrt; allein wir bemerken an der Oberfläche des Gesteins, daß das Bindemittel nicht nur den atmosphärischen Einflüssen völlig widersteht, sondern sogar in freier Lage das Conglomerat immer fester zu verkitten scheint. Es ist ferner eine Thatsache, daß der zu Bauten benutzt werdende lose Vogesensandstein an der Luft sich mit der Zeit zu einer festen Masse verdichtet. Wir machen zudem im Sommer die Wahrnehmung, daß der lockere Sandboden im Freien nach einigen Tagen Trockenheit eine sehr feste Kruste annimmt, die dem Pflanzenwachsthum höchst hinderlich wird. Betreten wir lichte Holzbestände, so finden wir den Boden fest und undurchlassend. Alle Lichthölzer führen dieses Unheil herbei, selbst ältere Tannenbestände sind gefährlich.

Durch lichte Stellung wird aber auch der Boden, zumal an Südhängen, schnell ausgesogen, trocken und mager. Der Humus verflüchtigt sich sofort, und in kurzen Zwischenräumen stellen sich zuerst die Waldgräser, Himm- und Brombeere, Farrenkraut, alsdann die Besenpfrieme und Heidelbeere und schließlich die Heide ein; ist der Boden an sich mager, so folgt sogleich die Besenpfrieme und Heidelbeere und sodann die Heide. Freistellung bringt gar flugs Besenpfrieme und Heide als Anzeichen des Todes. Die starke Verdunstung gibt dem Boden das Garaus. Seine leichte Erwärmungsfähigkeit hilft dazu, und anhaltend trockene und warme Witterung bringt ihm die galoppirende Schwindsucht bei. Neben der luftförmigen Entweichung des Humus und der Feuchtigkeit befördert noch das rasche Hinabsinken der atmosphärischen Niederschläge in die Tiefe des Bodens dieses Uebel, denn dem mehr oder weniger lehmhaltigen Sandboden ist eine wesentliche wasseranziehende und wasserhaltende Kraft, die Laub- und Humusdecke, entzogen.

Dagegen treffen wir außerordentlich günstige Bodenverhältnisse unter dichtem Buchenschirm. Dieser erneuert fort und fort seine Humusdecke, befördert die Zersetzung des Bodens, indem er in seinem Schatten und durch Abhaltung des aushagernden Windes die Oberfläche dauernd feucht erhält, und verursacht zugleich durch seine reichlichen Abfälle die Verwandlung werthvoller Mineralstoffe in einen löslichen Zustand. Neben Sauerstoff und Kohlensäure der Luft, ist es besonders die Kohlensäure aus der verwesenden Laubdecke, welche hier wirksam wird: Das Eisenoxydul wird in kohlensaures Eisenoxydul und durch höhere Oxydation in Eisenoxydhydrat verwandelt, der Kalk und der Talk vereinigen sich mit der Kohlensäure und kommen als doppeltkohlensaure Verbindungen in einen aufgelösten Zustand. Während auf diese Weise das in dem Boden enthaltene Eisen einen allmählichen Uebergang in Eisenoxydhydrat zeigt, bemerken wir zugleich einen Uebergang des letzteren, welches eine rothe Farbe verleiht, in Eisenoxydul. Unterhalb der Laubdecke wird die rothe Farbe in eine grüne oder blaugrüne verwandelt. Diese Veränderung ist wiederum die Folge von sich zersetzenden Pflanzenstoffen, welche dem benachbarten Eisenoxyd einen Theil seines Sauerstoffs entzogen. Es ist dies ein recht interessanter Umstand, der wohl zu beachten ist, um das überschüssige Eisen unschädlich zu machen. Den wichtigen Einfluß des Humus auf die Zersetzung, bezw. auf die Fruchtbarkeit des Bodens wollen wir nicht weiter erörtern, sondern uns mit der Thatsache begnügen, daß der geschlossene Buchenbestand auf dem Vogesensandstein üppigen Wuchs zeigt, ja daß sowohl der zuweilen sehr flachgründige Conglomerat-, als auch der lose Sandboden, sofern keine Verwilderung eingetreten ist, der Buche zusagt. Davon überzeugen wir uns aber vielfach, daß das Bestehen und das Wachsthum der Buchenbestände von keiner größeren Gefahr bedroht ist, als durch den Entzug der Laubdecke des Bodens, und daß der Vogesensandstein zu seiner Wachsthumskraft die volle Erhaltung der Laub- und Humusdecke bedingt.

Der obere Buntsandstein liefert einen kräftigen Lehm- und Thonboden. Letzterer ist hier und da so schwer und undurchlassend, daß er Abwässerungs- bezw. Damm-Anlagen erheischt. Ersterer ist tiefgründig, frisch und kräftig. Beide Bodenarten sind sehr graswüchsig, und obschon sie nicht leicht verarmen, so ist doch eine stäte Laubbeschirmung und bei der Verjüngung Vorsicht in der Lichtstellung empfehlenswerth. Die Buche ist auch hier am Platze.

Die größeren Hochebenen bezw. Thäler sind von den Dorfschaften eingenommen, daher der Wald in viele von Feld umgebene, zuweilen lang ausgedehnte und schmale Theile zerfällt, die den schädlichen Einflüssen des Windes 2c. ausgesetzt sind.

Lützelstein, etwa Mittelpunkt der Grafschaft, liegt 48° 52″ nördlicher Breite und 24° 59″ östlicher Länge. Die Erhebung über der Nordsee beträgt in den Thälern 207—220 m und auf den Berggipfeln 317—416 m. Ueberall auf den Thalsohlen brechen Quellen hervor. Die vielen Wasserläufe eilen theils der Zinsel, theils der Moder, theils der Eichel zu, wovon die ersteren zwei (durch die Zorn) in den Rhein und die letztere in die Saar münden. Der Bergkamm von Lützelstein nach Petersbach bildet die Wasserscheide, westlich und südlich nach der Zinsel, östlich nach der Moder und nördlich nach der Eichel.

Das Gebirge hat ein ausgeprägtes Berglandsklima mit kurzer Wachsthumszeit, schroffen Wärmeabweichungen, häufiger Nebelbildung in den Uebergangsjahreszeiten, Rauhfrost (Duft) und Frosterscheinungen im Spätfrühling. Nach dem Pflanzenwachsthum liegt etwa 1/3 der Grafschaft in der klimatischen Zone des Nußbaumes, der Edelkastanie und des Weizens, 2/3 in der der Buche und des Roggens. Die Linie der mittleren Sommerwärme von 16° geht von dem Ausfluß der Garonne ungefähr über Straßburg und Würzburg nach Böhmen, der Ukraine, dem Lande der donischen Kosaken und streicht etwas nördlich vom kaspischen Meere vorbei.

Ueber das Klima geben schon die Beobachtungs-Ergebnisse der i. J. 1875 in Preußen und Elsaß-Lothringen errichteten forstlich-meteorologischen Stationen einigen Anhalt. Das Klima dürfte dem der Försterei Neumath, Oberförsterei Lemberg, Kreis Saargemünd, Bezirk Lothringen, in deren Nähe eine Station errichtet ist, nahestehen. Diese Station liegt auf einer Hochebene des nordwestlichen Abfalls der Vogesen in tiefgründigem, frischem Boden, welcher der unteren Abtheilung der Muschelkalkformation angehört. Ihre geographische Lage ist 48° 59′ n. Br., 24° 57½′ ö. L., ihre Erhebung über dem Meeresspiegel beträgt 340 m. Die Beobachtungen sind am 1. Mai 1875 begonnen.

Monats- und Jahresmittel der in den Jahren von 1875—1877 täglich um 8 Uhr Morgens und 2 Uhr Nachmittags im Freien angestellten Beobachtungen.

Jan.	Febr.	März.	April.	Mai.	Juni.	Juli.	Aug	Sept.	Octbr.	Novbr.	Decbr.	Jahr.
Luftdruck in Millimetern:												
737,01	731,76	726,69	729,71	731,78	733,60	732,75	733,30	734,31	733,24	729,99	733,16	733,18
Wärmegrad der Luft der Centesimal-Scala:												
+0,68	+3,16	+4,38	+10,02	+13,43	+19,46	+19,59	+20,49	+14,75	+10,09	+5,02	+1,50	+10,26
Wärmegrad des Erdbodens an der Oberfläche:												
+1,62	+3,15	+4,11	+8,29	+12,66	+18,31	+18,49	+18,24	+13,50	+9,72	+5,46	+2,67	+10,63
Unbeziehlicher Feuchtigkeitsgehalt der Luft in Millimetern:												
4,19	5,24	5,16	5,92	7,27	10,92	11,25	11,46	9,07	7,31	5,74	4,75	7,26
Verdunstungsgröße einer freien Wasserfläche in Millimeter Höhe:												
15,9	8,3	19,2	59,3	68,0	67,0	69,7	63,6	43,2	33,1	19,8	19,6	504,4
Gesammtmenge der gefallenen atmosphärischen Niederschläge in Millimeter-Höhe:												
45,5	510,5	106,6	50,5	56,9	70,1	89,3	79,0	94,0	52,5	91,4	63,4	879,3
											Davon Schnee:	23,6
Anzahl der Tage mit atmosphärischem Niederschlag:												
12	23	22	13	12	11	15	10	14	12	18	15	170
Bewölkung nach der Scala 0 10, wo 0 einen völlig wolkenlosen und 10 einen ganz bewölkten Himmel bedeutet:												
7,6	9,2	8,5	7,0	6,2	6,0	6,2	5,5	6,3	7,3	8,6	8,9	7,3

Anzahl der ganz hellen Tage: 24
Anzahl der theilweise trüben Tage: 162
Anzahl der ganz trüben Tage: 179

Zahl der in den einzelnen Jahren beobachteten Winde N. 26. N.N.O. 7. N.O. 36. O.N.O. 21. O. 95. O.S.O. 16. S.O. 76. S.S.O. 11. S. 26. S.S.W. 25. S.W. 143. W.S.W. 45. W. 155. W.N.W 9. N.W. 30. N.N.W. 5. Windstillen: 16.

Die häufigsten Winde kommen also aus W., S.W., O. und S.O.

Am stärksten sind die Winde aus S.W., W. und O. Die Windstärke ist am größten in abnehmender Folge: bei S.W. im Januar, Juli, November, Februar, December; bei W. im Februar, August, Juli, Januar, October, December; bei O. im April, Juni, September; dieselbe ist am geringsten bei S.W. im April, bei W. im Juni und bei O. im November.

Da die Ströme der Luft vom Aequator nach dem Nordpol und zurück hier schon von der geraden Richtung abgelenkt sind, und die große Wasserfläche des atlantischen Meeres mit ihrer verschiedenen Erwärmungsfähigkeit im Gegensatz des Festlandes auch auf die Windrichtung Einfluß nimmt, so werden die Westwinde, Südwestwinde und Ostwinde vorherrschend und die ersteren wiegen an der Dauer vor. Die Drehung geschieht meist in der Richtung von Süd durch Nord nach Ost und die Südwestwinde sind feucht, Ostwinde trocken.

Die Gewitter halten gewöhnlich den im Frühjahr angenommenen Strich und sind besonders heftig, wenn der Windzug sie von verschiedenen Seiten in das Gebirge treibt. Am häufigsten und stärksten erscheinen sie im Monat Juli und August, die Gewitter mit Südwinden sind mit vielen Blitzen und viel Regen begleitet, Gewitter aus Westen sind meist durch Sturm, aus Nordwesten, Norden und Osten nicht selten durch Hagel furchtbar und gefahrbringend.

Das Klima ist im Ganzen ein der Lage entsprechend günstiges, wie der ziemlich regelmäßige Fruchtertrag der Obstbäume, des Nußbaumes und der Edelkastanie beweisen.

Nachtheilige Naturereignisse[1] sind folgende zu verzeichnen:

Im Jahre 1745 ward Lützelstein von einem furchtbaren Hagelwetter schwer heimgesucht, das alle Ernten verheerte, während der Sturm die meisten Häuser des Städtchens abdeckte und große Waldstrecken niederwarf.

Am 2. October 1853 warf ein heftiger Sturm viele alte Buchen.

Am 17., 18. und 19. November 1857 war bedeutender Duftbruch, hauptsächlich in den Mulden und Thälern. Junge Buchenorte und besonders Eichenhorste wurden auf Flächen bis zu 5 ha Größe völlig zerstört. Die vielen in 40—60jährigen Buchen- und Eichenbeständen vorkommenden Fichten- und Kiefern-Anlagen sind in Folge dieser Zerstörung gemacht.

Am 19. December 1869 riß ein Sturm hier und da ganze Bestandespartien nieder.

Vom Spätherbst 1870 bis Frühjahr 1871[2] verursachten verschiedene Südweststürme, namentlich in den Tannenbeständen großen Schaden.

Fortgesetzt rissen die Südweststürme in den Wintern 1871/2 nud 1872/3 viele Lücken in Tannenbeständen an Süd- und Westhängen, wie überhaupt dieselben der ausgesetzten Lage bei anhaltender Nässe nachtheilig waren.

Am 26. December 1874 war ein sehr starker Schneebruch in 20—40jährigen Kiefernbeständen, namentlich an den untern Berghängen.

Insekten-Schaden ist nur in den jungen Kiefern-Anlagen hier und da durch den Kiefern-Rüsselkäfer und Engerling bemerkt.

---

[1] In den alten Akten ist viel von Wind- und Schneebruch die Rede, und wurde dieser jährlich, ohne besondern Sturm oder Schneefall, auf einen Hektar zu 0,10 Festmeter gerechnet.

[2] Namentlich am 28. X. 1870.

Wir haben schon hervorgehoben, daß Laubholzwaldungen den Hauptbestand des Ganzen bilden, die Nadelholzarten aber nur in untergeordnetem Verhältnisse auftreten.

Die herrschende, zum größten Theile die Waldbestandsformen zusammensetzende Holzart ist die Buche. Im Anfange dieses Jahrhunderts war ihre Verbreitung noch eine größere, und ist der Grund ihrer Verdrängung wohl hauptsächlich in unvorsichtigen Durchforstungs-, Lichtungs- und Kahlhieben, in der an vielen Orten eingetretenen Verringerung der Bodenkraft, ja auch darin zu suchen, daß man den Unterbau, überhaupt die künstliche Nachzucht außer Acht ließ. Sie zeigt überall im geschlossenen Stande, wo durch Laubschonung die Bodenkraft erhalten worden, ein vorzüglich gutes Gedeihen. Wir sehen auf dem Vogesensandstein, daß ihre kräftigen Seitenwurzeln selbst über den fast nackten Conglomeratfels dahin streichen und zahlreiche Wurzelzweige durch die Klüfte desselben nach der feuchten Tiefe entsenden und daß bei einer mäßigen Bodentiefe ihr Wachsthum sich üppig entfaltet; während wir auf dem obern Buntsandstein eine Abnahme ihres Wuchses mit zunehmender Thonhaltigkeit des Bodens wahrnehmen. Buchen von 13 Festmeter Massengehalt bis an die Astbildung lassen auf günstigem Standort den schlanken Wuchs erkennen. Mit dem 80. Jahre bringt die Buche wenigstens innerhalb 5—6 Jahren eine Sprengmast, und alle 10—12 Jahre eine Vollmast.

Der Buche beigesellt, seltener in reinen Beständen vorkommend, erscheinen die beiden Eichenarten. Diese nahmen in der Vorzeit ein weit größeres Gebiet ein, wie schon die vormalige hohe Werthschätzung des Mastrechts bekundet. Mag nun ihre natürliche Verjüngung immer mehr Schwierigkeit gemacht und ihre künstliche Nachzucht keine Berücksichtigung gefunden haben, so ist doch ihre Verdrängung zunächst und hauptsächlich in der übermäßigen Ausbeutung zu suchen. Die alten Eichen sind fast völlig ausgenutzt; jüngere Eichen finden sich jedoch hier und da noch in größerer Ausdehnung. Beide Eichenarten gedeihen, in Buchenbeständen eingesprengt, auf angemessenem Standorte vorzüglich, sie sind sogar stets vorwüchsig, zeigen dabei eine außergewöhnlich astreine Schaftlänge, vorzügliche Spaltbarkeit und schöne Holztextur; während sie in reinen Beständen krüppelhaft und frühzeitig abständig werden.

Die Hainbuche kömmt eingesprengt mehr oder minder häufig in allen, namentlich aber in den niedrigeren Lagen vor und erreicht im Schlußstande ähnliches Wachsthum wie die Buche. Sie liefert ein hartes, hier sehr gesuchtes Werkholz, kräftigt den Boden, und zeigt sich als untergeordnete Beimischung der Buche, sowie zum Schutze des Bodens beachtenswerth.

Die Birke wurde früher viel häufiger als gegenwärtig geduldet. Sie zeigt sich als wahres Gift für den Boden und als sehr schädliches Unkraut für das Gedeihen der Buche 2c., weßhalb sie in solchen Oertlichkeiten, besonders aber auf den verwilderten Partien, wo sie sich durch Anflug leicht ansiedelt, ausgerottet wird. Ihr Wuchs ist übrigens kräftig, langschäftig und zu Nutzholz dienlich, und es werden daher auf frischem Niederungsboden ganz vereinzelt geeignete Stämme erhalten.

Die Ahorn- und Ulmenarten und die Esche kommen verhältnißmäßig seltener und nur in den Buchenbeständen eingesprengt vor. Sie zeigen auf frischem Boden in Mulden und Thälern im Schlußstande einen vorzüglichen Wuchs und liefern ein ausgezeichnetes und hoch im Preise stehendes Tischlerholz. In reinen Gruppen haben die Ahorn- und Ulmenarten Anfangs einen sehr kräftigen Wuchs, fangen aber schon im 30. Jahre an zu verkümmern und sterben schnell ab, namentlich auf weniger frischem Boden. Sie finden nur in vereinzelter Einsprengung auf geeignetem Standort Beachtung.

Die schwarze Erle wird nur an Pfützen und Bachufern in kleinen Gruppen getroffen.

Die Aspe, Salweide und Linde gesellen sich dem Buchenwalde bei und zeigen einen raschen Wuchs. Wie die Birke, stellen sie sich oft in lästigem und schädlichem Uebermaße ein, letztere jedoch nur auf den kräftigen frischen Bodenpartien, und es ist in solchen Fällen mit Vertilgungsmaßregeln gegen dieselben vorgegangen. Die Aspe und Linde wird übrigens als Nutzholz in geringem Maße gesucht, letztere erreicht sogar den Preis des Eichenholzes, und vereinzelt lohnt sich daher ihre Heranziehung als wüchsiges Baumholz.

Die Edelkastanie kommt hier und da eingesprengt in ausgezeichnetem Wuchs vor, eignet sich aber zur Baumholzzucht nicht.

Viele andere Laubholzarten sind noch in untergeordnetem Maße vertreten, haben aber für die hiesige Holzzucht keine Bedeutung.

Die hier vorkommenden Nadelholzarten sind erst in diesem Jahrhundert angebaut und zwar zuerst und am ausgedehntesten

die Kiefer in reinen Beständen durch Saat, leider häufig auf Bodenpartien, welche andern Holzarten besser zugesagt hätten. Sie findet überhaupt hier ihren Standort nicht, da bekanntlich bei ihr nicht allein die Größe des Zuwachses, sondern auch die Güte des Holzes sehr in Betracht zu ziehen ist, und über letztere allein der Kiengehalt entscheidet, welchen sie hier sehr spärlich erlangt. Während man auf dem bruchigen Tieflande bei Hagenau kostbare Bauholzstämme erhält, die der Zeit trotzen, und kaum Splint haben, liefert der Vogesensandstein, wenn gleich in vielen Fällen ansehnlichen Zuwachs, doch nur geringen Kiengehalt. Ihr Wachsthum ist in der Jugend häufig sehr rasch, aber in dem Alter von 20—30 Jahren erfolgt schon ihre freiwillige Lichtstellung, und damit wird das Wachsthum immer geringer, so daß die ältesten 40—60-jährigen Bestände keinen freudigen Anblick bieten, nicht selten sogar eine Schaftform aufweisen, welche von der geraden Linie in mannigfacher Weise abweicht. Dazu kommt, daß die Kiefer in allen Lagen sehr durch Schneedruck und Duftanhang leidet. Wegen ihrer frühzeitigen Lichtstellung, ist sie für den Vogesensandstein eine gefährliche Holzart. In der Jugend bei dichtem Schluß reinigt und verbessert sie zwar den Boden, aber mit der Lichtstellung tritt durch Wind und Sonnenstrahlen Austrocknung und Ausmagerung desselben und bald darauf die Verheidung ein, welche in Verbindung mit den harzigen Kiefernabfällen einen völlig unzersetzbaren, allen Waldwuchs verdrängenden Humus, die harzige Humuskohle oder Staubhumus erzeugt. Dem kann nur durch Unterbau vorgebeugt werden. Allerdings hat man bei frischen und kräftigen Bodenpartien solches nicht so schnell zu befürchten; aber wer mag auf diesen die Kiefer der werthvolleren Buche und Eiche vorziehen? Selbst in Mischung mit denselben zeigt sie sich nicht vortheilhaft, weil sie auch da kein gutes Bauholz liefert. Aber sie ist die einzige Holzart, welche auf den gering erzeugungskräftigen Standorten ein noch ersprießliches Gedeihen zu finden vermag und den Boden für edlere Holzarten wieder empfänglich macht. Ihrer Anspruchslosigkeit ist zu verdanken, daß viele verödete Flächen wieder bestockt sind. Der Vogesensandstein hat das eigenthümliche, daß er bei längerer Freilage und Verwilderung, namentlich an Südgehängen, unbedingt keine andere Holzart trägt, daher in solchen Verhältnissen auch eine erwünschte Beimischung anderer Holzarten, selbst der Fichte, sehr schwierig zu erreichen steht.

Erst Mitte dieses Jahrhunderts ist der Anfang mit dem Anbau der Fichte gemacht, zunächst durch Saat in reinen Beständen, später auch durch Pflanzung zur Ausfüllung der Buchen-Bestandeslücken. Sie verspricht überall, wo der Boden nicht zu sehr verwildert ist, ein vorzügliches Gedeihen, und wird gewiß zur Mischung und da, wo die Kiefer nicht unbedingt an ihrem Platz ist, weitere Verbreitung erlangen. Als Schattholzart und wegen ihres starken Nadelabfalles muß sie auch die Wachsthumskraft des Vogesensandsteinbodens eher mehren als mindern, wenngleich sie die Bodenfrische nicht so wahrt wie die Buche. Sie ist ferner dem Schneedruck und Duftanhang weniger unterlegen.

Die Tanne ist erst seit 15 Jahren zur Vervollständigung der Buchen-Verjüngungsschläge durch Saat angebaut. Unter gleichen Standortsverhältnissen kommen aber alte Tannenbestände rein und in Mischung im Forste Breitschloß, Oberförsterei Lützelstein-Süd, vor. Hier erwächst die Tanne mit schnurgeradem geschlossenen und höchst walzenförmigen Schafte bis zu 15 Festmeter Gehalt, und liefert ein festes, sehr gesuchtes Nutzholz. Sie nimmt die südwestlichen Hänge und Hochebenen ein, und verdrängt durch ihre sehr schattenertragende Eigenschaft die Buche in nordöstlicher Richtung dergestalt, daß lediglich durch Anflug reine und geschlossene Buchenbestände völlig in Tannenbestände verjüngt werden. Sie unterliegt sehr den herrschenden Südwest- und Westwinden, und es wird dadurch ihr Schlußstand schon früh unterbrochen. Die Lichtstellung ist aber die böse Feindin des Vogesensandsteins, und diesem Umstande muß es wesentlich zugeschrieben werden, daß in den reinen Tannenbeständen die Bodenthätigkeit nicht bewahrt wird. Wo nicht Verwilderung und Austrocknung eingetreten ist, folgt ihrem mehr oder weniger reichen Moospolster der reine Sand, während im Buchenbestande eine dicke Humusschicht den Boden überdeckt und verbindet. Sie gedeiht denn auch vorzüglich gut in Mischung mit der Buche. Sie ist unersetzlich in kümmernden lichten Beständen zum Unterbau und empfehlenswerth bei mißrathenen Buchenverjüngungen zum Zwischenbau. Sie flieht aber den trockenen Boden entschieden, und kömmt in Freilagen nach Austrocknung des Bodens nicht auf.

Vereinzelt ist die Lärche seit deutscher Verwaltung zur Ausbesserung bereits älterer Junghölzer angebaut, da ihr außerordentlich rascher Wuchs in der Jugend den Hauptbestand am ehesten einzuholen vermag. Eine 80 jähr. Lärche im Buchen-Schlußstand auf frischem Vogesensandsteinboden und in geschützter Lage am Pfennigacker ist mit durchaus geradem und sehr vollholzigem Schafte erwachsen, und zeigt noch jetzt guten Höhenwuchs. Dieses liefert den Beweis, daß die Lärche hier auf einem ihr zusagenden Standorte, namentlich in Mischung der Buche, vorzüglich gedeiht, während ihr Zwischenbau auf verödeten Bodenpartien völlig mißlungen ist. Der bedeutende Zuwachs, die ausgezeichnete Verwendbarkeit des Holzes zum Bau und für technische Zwecke werden dieser Holzart gewiß die ihr gebührende Stelle vereinzelt in Mischung mit Schattholzarten sichern.

Neurer Zeit ist der Anbau der Schwarzkiefer auf verödeten Plätzen versucht, wo die Kiefer nicht mehr gedeihen wollte. Auch mit der Weymuthskiefer 2c. sind Spielereien getrieben.

Nach dem Flächenregister von 1781 wurden
6382,48 ha als Hochwald mit 75jähr. Umtriebszeit und
494,34 „ „ Niederwald „ 30 „ „ (ein Theil des Wingener Waldes)
bewirthschaftet, und zwar in der Bestandesmischung von 8/9 Buchen und 1/9 Eichen.

Von der Hochwaldfläche waren damals
4217,18 ha zur Weide geöffnet und
2165,30 „ in Zuschlag (264,80 ha Verjüngungsschläge und 1900,50 ha Jungholz-Schonungen).

Wie bereits bemerkt, hat sich der Wald durch Abtretungen vermindert, so daß er gegenwärtig nur noch 6239,14 ha umfaßt. Nachdem der Niederwald in Hochwald verwandelt ist, wird das Ganze als Hochwald mit 120jähriger Umtriebszeit, ohne im Geringsten von dem Weiderecht behindert zu sein, bewirthschaftet. Die herrschende Holzart ist die Buche, theils rein, theils hauptsächlich mit der Eiche gemischt bestanden. Die Nadelhölzer sind untergeordnet.

Die ansehnlichen Buchenvorräthe im Alter von 200 bis 300 Jahren bezeugen eine gute Erhaltung, während die vollständige Bestockung für eine sorgsame Holzzucht spricht.

Der Abnutzungssatz ist für den Hektar von dem zur Holzzucht benutzten Waldboden auf 4,41 Festmeter einschließlich Reiserholz festgesetzt, wofür in den Jahren 1873/6 ein durchschnittlicher Werth- bezw. Kaufpreis von 51,70 Mark aufkam.

Ob nun die in Aussicht stehende Abschätzung einen höheren oder niedrigeren Abnutzungssatz ergibt, soll uns wenig kümmern; uns liegt vielmehr die Bewirthschaftung im Sinn, und wollen wir darüber noch Einiges hervorheben.

Das Streben der heutigen Wirthschaft durch Erziehung gesuchter Nutzhölzer den Wald auf den höchsten Ertrag zu bringen, hat hier zu Lande einige Dunkelmänner ermuthigt, ein Zurückdrängen der Buche zu Gunsten der Tanne zu fordern, ja erstere als Unkraut zu brandmarken.[1] Wie es dieser Klasse von Leuten eigen ist, wird

[1] Die bitteren Erfahrungen, welche durch die Umwandlungen von Laubholzwälder in Nadelholz vorliegen, sollten doch nachgerade Vorsicht und Mäßigung in den Ansprüchen an höchstem Geldertrage,

blindlings Alles über einen Kamm geschoren. Wir wollen denselben nicht auf ihren Irrwegen folgen, sondern uns auf die Thatsachen beschränken, wie sie hier bestehen.

Hier liegt der Wald in der Hand des Staats, der weniger den Säckel füllen als dem Bedürfnisse und dem Wohle der Gesammtheit des Volkes in nachhaltiger Weise Rechnung tragen soll. Daß die Nachfrage nach Buchenholz größer als das Angebot ist, beweisen die erzielten hohen Preise;[1] es liegt also kein Grund vor, den Buchenholzmarkt zu schmälern. Daß durch die Nadelwaldungen unsere klimatischen Verhältnisse keineswegs so eingreifend verbessert werden, als durch die Buchenwälder, ist eine allbekannte Thatsache, die durch die neuren Versuchsstellen sich genauer klarstellen wird. Ebenso ist schon hervorgehoben, wie sehr auf dem Vogesensandstein in der Bodenthätigkeit die Tanne der Buche nachsteht. Wo demnach, wie hier, die Buche einen geeigneten Standort findet, da muß ihre Pflege unbedingt in den Vordergrund treten, umsomehr, da die Tanne, deren Anbau hier und da empfehlenswerth ist, ohnehin schon naturgemäß die Buche verdrängt. Aber auch mit dem Säckel steht's nicht so schlecht. Unter ganz gleichen Verhältnissen[2] haben wir am 12. V. 1876 einen Buchen- und Tannen-Nutzholzverkauf abgehalten, der folgendes Ergebniß lieferte:

Der Kaufpreis ergab

für	128,72 Fm.	II. Kl.	Buchen
„	1036,54 „	III. u. IV. Kl.	„
„	10,57 „	V. Kl.	„

überhaupt für 1175,83 Fm. Buchen 20210 Mark, also für den Festmeter 17,19 Mark;

---

wenigstens in staatsforstwirthschaftlicher Beziehung, gelehrt haben. Man würdige, daß der Werth des Waldes nicht allein in den unmittelbaren Erträgen, sondern wesentlich auch in dem Nutzen besteht, den er mittelbar durch seinen Einfluß auf Klima, Witterung, Schutz, Bodenerhaltung 2c. der Landescultur bringt. Vgl. v. Hagen, Forstl. Verh Preußens, S. 51.

[1] Der Mittelpreis für den Raummeter Buchen-Scheit im Walde beträgt 9 Mark.

[2] Die Verhältnisse waren sogar für das Tannenholz in so weit günstiger, als dasselbe unmittelbar an der Straße lagerte und 4 Sägemühlen in der Nähe standen.

für	459,98 Fm.	II. Kl.	Tannen
„	905,64 „	III. u. IV. Kl.	„
„	75,63 „	V. Kl.	„

überhaupt für 1441,25 Fm. Tannen 20313 Mark, also für den Festmeter 14,09 Mark.

Demnach bringt das Buchen-Nutzholz 22% mehr auf als das der Tannen. Allerdings sind in den letzteren Jahren 14% Buchen- gegen 49% Tannen-Nutzholz geschlagen; allein die Nutzholzgewinnung kann bei Buchen unter günstigen Absatzverhältnissen auf das Doppelte erhöht werden, während bei Tannen eine volle Ausnutzung stattfand. Immerhin wird die höhere Nutzholzgewinnung der Tannen dadurch aufgewogen, daß das Buchen-Brennholz doppelt so viel Werth hat als das der Tannen.

Hier ist außerdem die Berechtigung zu Brenn- und Bauholz zu berücksichtigen. Geht der Wald zurück, und muß man zum Anbau der Fichte und Kiefer seine Zuflucht nehmen, so können dagegen die Berechtigten keine Einwendungen machen. Ganz anders liegen aber die Verhältnisse, wenn man aus reiner Liebhaberei für die Finsterniß die hellen Buchenhaine in Tannenwaldungen verwandelt. Die Verwaltung darf sich nicht anmaßen, das Recht in solcher Weise zu mißachten; sie muß vielmehr die Bedürfnisse der Gemeinden und ihre Ansprüche an den Wald nach Herkommen angemessen berücksichtigen.

Wir erstreben übrigens sehr eine auf Nutzholzerziehung gerichtete Hochwaldwirthschaft, glauben aber dieses Ziel am zweckmäßigsten dadurch zu erlangen, daß bei der Verjüngung der Bestände, welche die Buche entweder rein oder in vorwiegender Mischung bildet, vor Allem auf die Einbringung bezw. Vermehrung der äußerst werthvollen Eiche Rücksicht genommen wird, umsomehr, da diese Holzart in Mischung mit der Buche hier vorzüglich gedeiht, sogar im Wuchse der Buche in der Jugend vorauseilt und bis zu hohen Altersstufen vorwüchsig im Buchenbestand sich erhält. Als Lichtholzart ist die Eiche dem Vogesensandsteinboden nicht zusagend, und es empfiehlt sich, ihre Erziehung in Gruppen und Horsten zu vermeiden und ein möglichst regelmäßiges Mischungsverhältniß in dem

Grade anzustreben, daß sie den Buchen höchstens bis zu 1/3 beigemischt wird.

Wenn die natürliche Besamung der Buchen-Verjüngungsschläge nicht gut geräth und man, um Verwilderung des Bodens zu verhüten, zum Einbau der Tanne schreitet, so dürfte der spätere Zwischenbau der Eiche zur Erhaltung der Bodenkraft auf 1/6 zu beschränken sein. Die Eiche ist auch der Tanne bezüglich der Ausdauer im Längenwachsthum überlegen, nur in den höheren Altersstufen, namentlich bei Minderung der Bodenkraft oder auf unangemessenem Standort, muß die Bestandespflege hülfreiche Hand bieten. Am Fallberge über Oberhof auf frischem Vogesensandstein sehen wir schöne Gruppen von Buche, Tanne und Eiche im 150—200 jährigem Alter.

Die reinen Eichen- und Kiefernbestände müssen frühzeitig, je nach den Standorts- und Bestandesverhältnissen im 20—40 jährigen Alter unterbaut werden, jene mit der Buche, diese mit der Buche und Tanne.

Auch der Unterbau der reinen Fichtenbestände empfiehlt sich im 60 jährigen Alter mit der Buche.

Die Verjüngungsschläge sind immer von oben herab gegen die herrschende Windrichtung anzuhauen und in Samenjahren möglichst auf ganze Abtheilungen auszudehnen. Ein allmählicher Uebergang in die Samenschlagstellung, wie in die Lichtschlagstellung ist erforderlich. Es kommt dabei zu Statten, daß die Buche auf hiesigem Boden eine außerordentliche Beschränkung des Lichtzuflusses ertragen kann. Man soll daher erst mit Eintritt eines Samenjahres lichten, und zwar nur so weit, daß nothdürftig Wachsthum Platz greifen kann. Je nachdem der Samen gelaufen ist, muß man im nächsten Jahre mäßig nachhelfen. Wenn auf großen Flächen der Abnutzungssatz nicht genügt, so haue man nach Bedürfniß kleine Lücken, und suche mit der Zeit den Lichtschlag regelmäßig zu stellen. Mit der Räumung hat man keine Eile, da die junge Pflanze 20 – 30 Jahre dichte Beschattung aushält.[1] Wenn

[1] Das Schattenerträgniß besteht nicht in einem direkten Bedürfnisse nach Verkürzung des Lichtzuflusses, sondern in der Fähigkeit, mit mehr oder weniger Zähigkeit dieser Verkürzung Widerstand zu leisten. Der Grad der Zähigkeit hängt von der Güte und Frische

das Holz ohne Nachtheil gerückt und gesetzt werden kann, so thut man wohl, die Räumung in einem Mal zu beschaffen, da die öftere Beschädigung und deßhalb erforderliche Ergänzung ihre großen Unbequemlichkeiten hat und die plötzliche Freistellung dem Jungwuchse keinen sichtbaren Nachtheil bringt. Das Altholz muß dann vor der Fällung nach Erforderniß ausgeästet und das beschädigte Jungholz sogleich auf die Wurzel gesetzt werden. Nach einigen Jahren Ruhe sind die jungen Bestände durch Reinigung, Weichholzaushiebe, Aufastung und Entfernung sperriger Stockausschläge 2c. mit Rücksicht auf die Erreichung des regelmäßigen Mischungsverhältnisses und auf die Nutzholzerziehung der Eiche, angemessen zu pflegen. Die im 40. Jahre eintretenden Durchforstungen, thunlichst mit nur 10-zährigen Ruhezeiten, sollen zur Vermeidung von Schnee-druck- und Duftanhangschaden 2c. Anfangs vorsichtig und erst später, wenn das Holz seinen größten Längenzuwuchs erreicht hat, kräftiger geführt werden. Dabei sind die Außenränder in 10 Meter Breite zu schonen und nur von Trockenholz zu reinigen. Wo nicht auf diese Weise, oder durch die Gunst der Lage der Bestand gegen den Zutritt des Windes, die dadurch bewirkte Laubentführung und Bodenvertrocknung geschützt ist, da müssen zeitig wirksame Windmäntel von Fichten oder Tannen angezogen werden. Ist aber der Bestand schon davon angegriffen, der Boden vertrocknet und verhärtet, und die Wipfeldürre im Anzuge, dann reicht der Schutzmantel nicht mehr aus, sondern es muß auch zur Steigerung der herabgekommenen Bodenkraft der Unterbau benutzt werden, wozu sich die Tanne vorzüglich bewährt hat.

Gegenwärtig, wo der Hieb noch in 200—300jährige Buchenbestände fällt, mag die 120jährige Umtriebszeit

---

des Bodens ab. Auf dem tiefdurchfeuchteten kräftigen Vogesensandsteinboden (Conglomerat) verträgt die junge Pflanze längere Jahre ein erhebliches Maß von Beschattung, ohne nach erfolgter Freistellung die Lebenskraft zu günstiger Weiterentwickelung zu verlieren. Besonders mindert die vorhandene Bodenfrische die sich anderweit wohl nachtheilig geltend machenden Einflüssen der stärkeren Beschattung. Die Tanne ist die am meisten schattenertragende Holzart. Nach dieser folgt die Buche und dann die Eiche. Letztere zeigt sogar ziemlich viel Zähigkeit, wenn ihr nur einige Pflege zu Theil wird.

den Verhältnissen entsprechen. Eine in Aussicht stehende vernünftige Wirthschaftseinrichtung wird aber den alten Vorräthen das Garaus machen, und dann fragt es sich, welche Bestandesform eingeführt werden muß, um die Nutzholzbedürfnisse wie bisher zu befriedigen. Bis zum 120. Jahre können zwar Bestände erzogen werden, deren Stämme eine zu den weitaus meisten Zwecken völlig ausreichende Stärke erlangen; allein der Staat ist verpflichtet, allen Bedürfnissen Rechnung zu tragen, und zur Erziehung stärkerer Stämme reicht ein Umtrieb von 120 Jahren nicht aus. Werden nun auch solche Stämme nicht in so großer Menge bedurft, daß man die ganze Wirthschaft darnach einzurichten hätte, so ist es doch schwer, in beschränkter Weise den richtigen Weg zu finden. Ganz leicht scheint die Ueberhaltform, aber bei Licht besehen führt sie zu großen Unzuträglichkeiten, und hat sich denn auch hier nur in ganz vereinzelten Fällen, und zwar in geschützter Lage an Bestandesrändern, als ausführbar erwiesen.

Wenn wir die hiesigen älteren Verjüngungsschläge durchschreiten und sehen, wie der über 30 Jahre alte Aufwuchs, sowohl Buchen als auch Eichen, unter dichtem Laubschirm kräftig gedeiht, so führt uns diese Bestandesform von selbst auf den v. Seebach'schen Lichtungsbetrieb.[1] Wir machen zugleich in dem hiesigen Zittersheimer Privatwalde die Wahrnehmung, daß ein im 60—80jährigen Alter angehauener Buchenbestand von wesentlicher Ausdehnung in nordöstlicher Lage ausgezeichnet durch natürliche Besamung verjüngt ist, daß also die Buche in diesem Alter die nöthige Erstarkung zur Samenerzeugung erreicht. Auch finden wir unter allen Standortsverhältnissen, daß die Buche im 70—80. Jahre ihr Hauptlängenwachsthum zurücklegt.

Da wir nun unter dem 200—300jährigen, breitkronigen und deßhalb stark verschattenden Oberstande den Unterwuchs kräftig gedeihen sehen, so muß offenbar der von jüngeren Buchenbeständen herrührende Ueberhalt von noch besserem Erfolge begleitet sein.

---

[1] v. Seebach'sche modificirte Buchenhochwaldwirthschaft, Bodenschutzform.

Es sollen die Buchenbestände im 70—80jährigen Alter angehauen werden und allmählich diejenige Lichtstellung erhalten, welche für den erstehenden Schutzbestand erforderlich ist. Die Lichtungshiebe entnehmen dem Vollbestande $^3/_5$—$^2/_3$ der vorhandenen Holzmasse, so daß der zurückbleibende Bestandstheil noch etwa 280—350 wuchskräftige Stämme pro Hektar in möglichst gleichförmiger Vertheilung enthält. Der Ueberhalt der Eichen wird besonders berücksichtigt. Innerhalb des nun folgenden etwa 40jährigen Zeitraumes tritt durch die Kronenerweiterung des Oberstandes allmählich wieder Bestandsschluß ein, der Schutzholzbestand wird durch die volle Beschirmung des Oberstandes an seiner Weiterentwickelung gehindert und kömmt nun mit Erhaltung des kräftigen Eichenwuchses zur Nutzung, während der zum Vollbestande sich ausgedehnte Oberstand zur gewöhnlichen Hauptverjüngung bereit steht.[1]

Daß die Bodenkraft durch die Wirkung des Unterstandes eine erhebliche Verbesserung erfährt und diese erkräftigende Wirkung auf die Bodenthätigkeit des Vogesensandsteins einen außerordentlich günstigen Einfluß äußert, haben wir vor Augen. Es kommt aber das vortheilhaftere Sortimentenverhältniß des haubar gewordenen Oberstandes hinzu. Dieser liefert mit 120jähriger Umtriebszeit Starkhölzer, wie sie zu technischen Zwecken irgend erforderlich sind, wobei die Eichen durch Ueberhalt des geeigneten Unterstandes ein Alter von 160 Jahren erreichen. Burckhardt[2] sagt: „Wo Gelegenheit zum Nutzholzabsatz vorhanden, ist hier der beste Markt, dem keine andere Betriebsart in Menge und Güte solchen Materials gleichkommt. Der Lichtungsbetrieb erscheint als die vollkommenste Zuwachswirthschaft, und es ist bemerkenswerth, wie der Wirthschafter dabei die Fäden der Wachsthumsfaktoren in seinen Händen hat".

---

[1] Vergl. krit. Blätter von Pfeil B. 21. H. 1. S. 147. Baur, Monatsschrift 1858. S. 428, 1863 S. 93, 1867 October-Heft, Burckhardt, Säen und Pflanzen, 4. Aufl. S. 102, Burckhardt, aus dem Walde, VII. S. 40, VIII. 88. Verh. des Hils-Sollings-Forstvereins, 1861. Forst- und Jagdzeitung 1863. S. 67; 1871 S. 393. Gayer, Waldbau, 1878 S. 274.

[2] Aus dem Walde, VIII. S. 105.

Der Lichtungsbetrieb hat obendrein das Gute, daß er keine planmäßige Abnutzungszeit der Bestände ändert oder verrückt, daß ihm bei verschiedener Behandlung immer seine Zusammengehörigkeit verbleibt, daß er überhaupt keine Umgestaltung herbeiführt. Da nun noch viele alte Bestände zur gewöhnlichen Verjüngung auf Jungholz behandelt werden müssen, so hat man, unbeschadet der künftigen Verfahrungsweise, lange Zeit Gelegenheit zu prüfen, ob die Erfolge des Lichtungsbetriebes auch wirklich den Voraussetzungen entsprechen.[1]

[1] Die Vortheile des v. Seebach'schen Lichtungsbetriebes im Vergleich zu der gewöhnlichen Hochwaldswirthschaft wollen wir noch in Folgendem zusammenfassen: Der Unterstand belebt und hebt durch das Festhalten des Laubes ꝛc. die Bodenthätigkeit, sichert den Forterhalt der Buche, bezw. auch der Eiche, vermindert die Streunutzungs- und Weidezeit und hebt die Jagd; der Oberstand fördert die Starkholzzucht in großem Maße; der Betrieb im Ganzen erhöht den Massenzuwachs und ist als Regulator der Altersklassen sehr diensam. Interessante Ergebnisse des v. Seebach'schen modificirten Buchenhochwaldbetriebes (Lichtungshiebes in Buchen-Baumorten) liefert Kraft in Burckhardt, aus dem Walde, VII. 1876. Derselbe findet S. 98 als Effect des modificirten Betriebes lediglich nach dem Quantitätszuwachse eine Verzinsung der zur Zeit der Lichtung vorhanden gewesenen gesammten Bestandesmasse von etwa 2,9 Procent, während das Zuwachsprocent eines nicht modificirten vollen Ortes von gleicher Qualität sich auf etwa 1,44 Procent herausstellen würde. Kraft sagt dann: „Seinen eigentlichen höchsten Effect erreicht der Lichtungshieb erst in solchen Fällen, wo die Lichtung nicht nur den Quantitätszuwachs steigert, sondern zugleich die Bedingung und Ursache einer Steigerung des Qualitätszuwachses ist". Dies ist unser Fall. Der Lichtungshieb bietet hier, beim Zurückgehen von den finanziell unvortheilhaften hohen Hiebsaltern, die Möglichkeit, wie bisher starke werthvolle Hölzer zu erziehen. Es verleiht aber diese Bestandesform, geschlossen bleibenden Beständen gegenüber, besonders für den Vogesensandstein auch dadurch einen hohen Werth, daß sie dem Hochwaldbestande in seiner höheren Lebenshälfte eine bessere Bodenpflege gewährt, welches um so mehr Beachtung verdient, da wir vielerseits einen bedenklichen Rückgang der Bodenthätigkeit wahrnehmen. Soll sich die Buche hier nicht völlig zurückziehen um den anspruchsloseren Nadelhölzern den Platz zu räumen, so muß man wenigstens diesen empfindlicheren Standörtlichkeiten die erforderliche Bodenpflege angedeihen lassen. Burckhardt, aus dem Walde, sagt H. VIII. S. 103: „Die Kranken bedürfen des Arztes am meisten!" — Für die Regelung der Altersklassen leistet der Lichtungsbetrieb nicht minder seine guten Dienste. Sind auch hier und da noch viele Altholzbestände vorhanden, die der reinen Verjüngung

Die zweialterige Hochwaldform empfiehlt sich schon deßhalb nicht, weil der nachwüchsige Bestand, selbst bei einer weit lichteren Vertheilung des Oberbestandes, bis zu einem Alter von 70—80 Jahren das ihm erforderliche Licht zu seiner gedeihlichen Entwickelung namentlich für Eichen nicht finden kann.

Der Plenterwaldsform wollen wir zwar ihre örtliche Berechtigung nicht absprechen, allein ein Wirthschafter von einem Reviere über 5000 ha Wald und mehr kann die dabei zu lösenden Aufgaben nicht bewältigen. Wer ein abschreckendes Bild davon sehen will, der bereise die Oberförsterei Lützelburg.

Für die Culturen ist nach Verhältniß der verfügbaren geringen Mittel viel geschehen, aber dabei sind nach dem Vorbilde der Pfalz bis in die neueste Zeit arge Mißgriffe begangen worden, theils dadurch, daß manche Holzarten auf unpassenden Standorten angebaut wurden, theils dadurch, daß entweder eine unzweckmäßige Culturmethode gewählt wurde, oder aber der Vollzug derselben ein mangelhafter war. Sehr merklich sind die Nachtheile, die aus den damals üblichen überaus dichten Ansaaten und den nicht zeitgemäß und dann zu kräftig angelegten Durchforstungen hervorgegangen.

In Buchen-Verjüngungsschlägen soll niemals die Bodenbearbeitung gescheut werden. Ist der Boden kräftig und empfänglich, so kann in guten Samenjahren, nach

überwiesen werden müssen, so tritt doch in verschiedenen Wirthschaftscomplexen die Frage heran, wie mit den überwiegenden Mittelhölzern verfahren werden soll, um Ordnung in die Altersklassen hineinzubringen und um den holzberechtigten Ortschaften gerecht zu werden. Selbst da, wo solche Betriebsnoth nicht besteht, erheischt mehrfach die Regelung des Hiebszuges ein Eingreifen in die Mittelhölzer. Man durchkreuze daher das Formbrett der heutigen Einseitigkeit und gründe wenigstens dem Lichtungsbetriebe ein Versuchsfeld, zumal er sogar im Lager der forstlichen Finanzmänner Anklang gefunden hat.

vorherigem mehrwöchentlichem Schweineeintrieb, dieselbe sich auf ein scharfes Unterbringen des Samens mit dem Rechen beschränken; sobald aber der Boden vertrocknet und verhärtet ist, wird, namentlich an steilen Hängen, ein vorheriges Bearbeiten mit der Hacke nothwendig. Es hat sich hier die Bearbeitung in 25—30 Cm. breiten Streifen, 1,75 m entfernt, bewährt, wobei der Boden, nach gehöriger Lockerung von beiden Seiten angehäufelt (erhöht), der Samen auf dem Kamm in eine Riefe gesäet und mit Besenreisig bedeckt wird. Die beiderseitigen Furchen nehmen das Laub auf, verhüten das Abfließen der atmosphärischen Niederschläge und erhalten die Feuchtigkeit,[1] während die Pflanze im lockeren Nährboden wurzelt. Die Kosten belaufen sich p. ha auf 40 *M.* Dasselbe Verfahren wird bei Tannensaaten geübt. Eichelsaaten, auf die verschiedenste Weise ausgeführt, sind häufig durch Wildschwein- und Mäusefraß mißrathen, und es werden deßhalb jetzt die Schläge, sobald die Lichtstellung beschafft ist, mit 1-jährigen Eichen durch den Keilspaten in 2 m Entfernung mit sehr gutem Erfolge gepflanzt. Wo Streifen sind, geschieht dieses in dem Zwischenraum, sonst regelmäßig auf der ganzen Fläche. Sofort nach Räumung des Oberstandes werden die noch unbestockten oder beschädigten Stellen je nach den Standortsverhältnissen mit geschulten kräftigen Tannen, Fichten, Lerchen, Eichen, Ulmen, Eschen ꝛc., in Mischung von Schatt- und Lichthölzern, ausgepflanzt.

In Freilagen wird die Pflanzung der Saat vorgezogen, lediglich um den Boden rascher zu decken. Aus gleichem Grunde hat man die Pflanzweite auf 1,20 m bestimmt. Die Kiefer wird einjährig mit dem Keilspaten gesetzt. Die übrigen Holzarten werden gut geschult und in hinlängliche große und tiefe Löcher verpflanzt. Als Pflanzzeit hat sich der Spätherbst zweckdienlich erwiesen, weil der Frühling häufig mit anhaltender Trockenheit begleitet ist. Die Saat- und Pflanzkämpe liegen geschützt in geschlossenen Beständen.

---

[1] Der Holzzüchter muß seinen standortpflegenden Einfluß vorzüglich auf die Feuchtigkeitserhaltung lenken.

Ausgezeichnet ist das Wegenetz in den Waldungen. In der Oberförsterei Lützelstein-Süd führen über alle Bergkämme und durch alle Thäler Steinstraßen, im Ganzen 61,69 km; davon sind Landstraßen 32 km und Forststraße 29,69 km (7,88 km in Besteinung begriffen). Letztere haben eine Bahnbreite von 5—6 m, ein Steinlager von 3 m Breite und in losem Sand- und nassem Thonboden von 20 cm Höhe, 2/3 Sand- und 1/3 Kalkstein, und in festem trockenem Boden von 8 cm Höhe Kalkstein. Die Kosten betragen für den laufenden Meter 2,50—4,80 *M.*

Nachtrag.

Ueber Wachsthumsverhältnisse gibt ein im Wirthschaftsjahre 1879 stattgehabter Kahlhieb in den Forstorten Lohrerköpfel und Streitwald, Mark Lohr und Schönburg, Aufschluß.

Die fraglichen Orte liegen auf der Hochebene des obern Buntsandsteins zwischen Lohr und Schönburg, 355—374 m ü. d. Meeressp., in schmalen Streifen, von Feld umgeben und allen Winden ausgesetzt. Der Boden besteht aus thonigem Lehm, ist stellenweise undurchlassend und naß. Vormals war die Fläche Oedland, auf feuchten Stellen wuchs Gras, auf trockenen Heide. Im Jahre 1822 wurde dieselbe zur Holzcultur bestimmt, im Herbst desselben Jahrs umgepflügt und mit Bucheln und Eicheln; Lücken später mit Fichten besäet. Trotz vorsichtig geführter Durchforstungshiebe war jetzt schon der Nachtheil der Freilage eingetreten, und die Massenmehrung des Bestandes augenscheinlich in Abnahme. Die Abholzung geschah in Folge eines zur Abrundung des Waldkörpers stattgehabten Flächentausches. Die vollbestandene Abtriebsfläche enthält 24,79 ha Größe.

Geworben sind:

Holzart.	Nutzholz. in Stämmen, Derbholzstangen Stückzahl.	Festmeter.	dc.	in Reiserholzstangen 2c. Hunderte.	d.	Festmeter.	dc.	Lohrinde. Ctr.	d.	Brennholz. Kloben. Raummeter.	d.	Knüppel I. Kl. Raummeter.	d.	Reisig II. Kl. Hunderte.	d.
Eichen nicht entrindet:	1167	366	86	—	—	—	—	—	—	223	—	344	—	77	00
entrindet:	1277	158	05	—	—	—	—	1574	—	31	—	1406	—	103	70
Buchen:	529	96	32	—	—	—	—	—	—	1753	—	2170	—	521	50
Weichholz:	—	—	—	—	—	—	—	—	—	—	—	2	—	—	—
Nadelholz:	1080	42	07	47	50	33	45	—	—	4	—	2	—	—	70
Ueberhaupt:	4053	663	30	47	50	33	45	1574	—	2011	—	3924	—	702	90

Dieses ergibt feste Masse (1 Rm. Kloben oder Knüppel 0,7, 1 Ctr. Rinde 0,1 und 100 Reisigwellen à 1 m Umfang 1,4 m lang = 3 Fm.):

4975,20 Fm. Derbholz und 2142,15 Fm. Reiserholz,
überhaupt 7117,35 Fm.,
p. ha 287,11 Fm.

Durchschnittszuwachs p. ha 5,13 Fm.

Zugleich beweis't dieses Beispiel, daß die Buche hier auch im vollen unbeschränkten Lichte erwächst.

Druckfehler und Verbesserungen.

Seite 1. 17. 33. unten statt Bodungen, Frhr. v., lies Bodungen.
" 8 Zeile 5 von unten statt bölzerne ließ hölzernen.
" 9 " 15 von oben statt Erblandmarschall lies Erblandmarschälle.
" 21 " 4 von unten statt Heiden lies Römer; auch bestehen noch bei Lützelstein die Namen Heidenkopf und Heidenmauer.
" 23 " 9 von unten statt worden lies worden sind.
" 24 " 8 von unten statt Salicker lies Salier.
" 26 " 8. 10 von unten statt Graf lies Grafen.
" 27 " 8 von unten statt Grafen lies des Grafen.
" 29. 30 rc. statt Gerolseck lies Geroldseck.
" 30 Zeile 10 von unten statt Coury lies Coucy.
" 33 " 6 von oben statt Delphin lies Dauphin.
" 35 " 4 von unten statt besuchte lies suchte.
" 36 " 11 von unten statt dem lies den.
" 36 " 5 von unten statt hülfslosen lies hülflosen.
" 37 " 1 von oben statt Sohn lies Sohnes.
" 39 " 8 von obeu statt wurde es lies ward ihm.
" 39 " 4 von unten hinter Lichtenberg ein Komma.
" 41 " 15 von oben rc. statt Einarzhausen Einhardshausen.
" 47 " 12 von unten statt den lies die.
" 48 " 3 von oben statt versicherten lies sicherten.
" 50 " 10 von unten statt einer lies eine.
" 52 " 2 von oben statt sollten lies sollten.
" 52 " 5 von unten statt Hiltenhausen lies Hültenhausen.
" 52 " 4 von unten statt Mittelbrunn lies Mittelbronn.
" 53 " 18 von oben statt Hausmannshof lies Hansmannshof.
" 62 " 1 von oben statt Weinberg lies Weinburg.
" 62 " 6 von oben statt Rostei lies Rosteig.
" 62 " 10 von oben statt Weschem lies Weschheim.
" 67 " 4 von oben statt herrschaftlichen Beamten lies herrschaftliche Beamte.
" 67 " 4 von unten statt ihr lies ihrem.
" 75 " 10 von oben statt Sous lies Sou.